精通嵌入式 Linux 编程

——构建自己的 GUI 环境

李玉东　李玉萍　编著

北京航空航天大学出版社

内 容 简 介

本书针对使用 Linux 构建嵌入式系统的一个关键环节——图形用户界面(GUI)，首先讲述了 Linux 编程的高级技巧，包括多进程、多线程等技术；然后通过实例重点讲述了窗口系统的基本知识与实现技巧，为读者开发自己的面向嵌入式 Linux 的 GUI 环境提供了一个参考实现范例。重点包括：LGUI 多窗口的设计与实现、LGUI 的消息管理、窗口与无效区的管理、设备上下文与图形设备接口的设计与实现等。

本书适用于使用 Linux 构建嵌入式系统的软件工程师以及希望深入了解窗口系统实现原理的读者。

图书在版编目(CIP)数据

精通嵌入式 Linux 编程:构建自己的 GUI 环境/李玉东,李玉萍编著. --北京:北京航空航天大学出版社,2010.5
 ISBN 978-7-5124-0066-5

Ⅰ.①精… Ⅱ.①李…②李… Ⅲ.①Linux 操作系统—程序设计 Ⅳ.①TP316.89

中国版本图书馆 CIP 数据核字(2010)第 065459 号

版权所有，侵权必究。

精通嵌入式 Linux 编程
——构建自己的 GUI 环境
李玉东 李玉萍 编著
责任编辑 刘彦宁 杨 昕

*

北京航空航天大学出版社出版发行

北京市海淀区学院路 37 号(邮编 100191) http://www.buaapress.com.cn
发行部电话:(010)82317024 传真:(010)82328026
读者信箱:bhpress@263.net 邮购电话:(010)82316936
北京市媛明印刷厂印装 各地书店经销

*

开本:787×960 1/16 印张:13.75 字数:308 千字
2010 年 5 月第 1 版 2010 年 5 月第 1 次印刷 印数:4 000 册
ISBN 978-7-5124-0066-5 定价:28.00 元

前言

第一个问题,为什么要写这本书?

现在很多面向嵌入式 Linux 编程的书籍理论性很强,但并不针对某一领域,对于解决某一领域的特定问题指导性较弱。

利用嵌入式 Linux 来构建系统,应用于便携式终端产品的居多,就软件方面而言,这类产品主要有两个环节需要把握:一是 Linux 内核(包括驱动)的移植;二是 GUI(Graphical User Interface,即图形用户界面)层与应用层软件的设计。本书就是基于后一个环节展开的。

有人说,嵌入式 Linux 的最大问题是其 GUI 没有统一标准。但不知道这是它的缺点还是优点,是否应该由如 Microsoft 或 Nokia 这种级别的公司在这个操作系统平台上构建一个全世界都一样的用户界面,然后大家都用它的 API 来开发应用程序呢?这个问题暂且不讨论。嵌入式产品对于界面的需要千差万别,MP3、MP4、导航仪、电视机顶盒、手机等五花八门。如果所有的界面都从"开始"菜单开始,操作起来不一定都很方便,另外,操作方式是用手指、遥控器、鼠标还是别的什么东西是可以选择的,因此,对于嵌入式产品,作者认为个性化用户界面才是合适的,任何一个 GUI 都不可能有如此好的适应性和可配置性,把一个 PDA 风格的 GUI 系统移植到机顶盒上,或把一个手机风格的 GUI 移植到工控机里都是没有意义的。解决问题的最好办法,就是自己构建一个小型的 GUI 环境,只针对具体应用,与其他系统无关。

那么,可能有人会说,量体裁衣,开发一个适合于自有项目的 GUI 环境固然很好,但这会不会很复杂,是不是会使项目周期拉长呢?本书可以告诉你,开发一个小型的嵌入式 GUI 系统其实很容易!何况网络上有如此之多的开源代码可供参考。当然,无偿复制开源软件用于商业目的是不允许的。但人们的思想是自由的,这一点谁也否认不了。

另外,现在已经开发完并开源的面向嵌入式 Linux 的 GUI 系统固然很多,而且还有一些人又在开发这个"柜"、那个"柜"的,但没有人仔细讨论到底一个嵌入式 Linux GUI 系统的体系结构如何能让使用者从全局把握系统,从而开发出自己的 GUI 环境,作者认为这是"授之以鱼"还是"授之以渔"的问题。

所以,作者写了这本书,通过嵌入式 Linux 特定环节的应用实例,即中间件层的 GUI 软件,来阐释 Linux 开发,同时使读者对于消息驱动的、轻量级窗口系统的实现有较为彻底的理解。

前言

第二个问题,这本书有什么特点?

本书只针对 GUI 这个环节讨论技术问题,讨论其如何在嵌入式 Linux 上实现,并用到了 Linux 开发的技术细节,所以本书第一个特点是针对性强。

另外,作者不想把这本书搞成一个 Linux 编程的百科全书,讲清楚一个问题是最重要的,所以本书第二个特点是精炼。

本书出版之前,其早期版本作者一直放在网站上,有很多人下载并在网络上传播。这样做的目的不为赚钱,只希望对大家都有所帮助。

由于时间有限,书中可能还存在一些错误。另外,嵌入式 Linux 以及 GUI 技术的飞速发展,使得书中提到的一些概念有可能不再新颖,或者其中提到的 GUI 的实现方法不见得适用于任何项目。但通过本书,可以了解到作者对于一个小型窗口系统的实现思路。如果书中提到的概念或用于示例的 LGUI 实现代码有任何错误,欢迎读者批评指正。

本书能够顺利完成并出版,得到了很多老师与朋友的帮助,首先要感谢我的导师——北京大学人机交互与多媒体实验室的王衡副教授,她给了我大量的指导与帮助。另外,奚小君、秦艺丹、李夏、李文阳、王文翮、刘彦军、夏华、刘成功、王成、郑浩、张明、张小铃、李志华、赵处一、王成明、李自忠、秦仕军、范佳新、王小良等朋友也给予了大力支持,在此向他们表示感谢!

李玉东
2010 年 1 月

目 录

第1章 概 论 ·· 1
  1.1 嵌入式系统的基本概念 ··· 1
  1.2 嵌入式系统的特征 ·· 1
  1.3 选择 Linux 构建嵌入式系统 ·· 2
  1.4 GUI 在嵌入式 Linux 系统中的地位及要求 ·································· 3
  1.5 用户界面概况 ··· 4
    1.5.1 用户界面的历史 ··· 4
    1.5.2 图形用户界面的特征 ·· 4
    1.5.3 图形用户界面系统的结构模型 ·· 5
    1.5.4 用户界面的发展：GUI＋新人机交互技术 ···························· 6
  1.6 Linux 图形环境及桌面平台简介 ·· 6
  1.7 各种嵌入式 Linux 上的图形库与 GUI 系统介绍 ························· 13
    1.7.1 Qt/Embedded ·· 13
    1.7.2 MicroWindows/NanoX ··· 14
    1.7.3 MiniGUI ··· 15
    1.7.4 OpenGUI ·· 16
    1.7.5 GTK＋ ··· 17
  1.8 Linux 系统中的多语言问题 ··· 18
  1.9 一个嵌入式 LinuxGUI 系统开发的实例 ···································· 21
    1.9.1 开发 GUI 系统主要考虑的问题 ·· 22
    1.9.2 后续讲解的实例 ·· 24

目 录

第 2 章 Linux 基本编程知识 25

- 2.1 编译器的使用 25
- 2.2 函数库的使用 27
- 2.3 Makefile 28
- 2.4 GDB 30
- 2.5 建立交叉编译环境 34
  - 2.5.1 什么是交叉编译环境 34
  - 2.5.2 交叉编译的基本概念 34
  - 2.5.3 建立 arm_linux 交叉编译环境 34
- 2.6 Linux 下常见的图形库编程简介 42
  - 2.6.1 Qt 43
  - 2.6.2 GTK+ 57

第 3 章 Linux 高级程序设计简介 62

- 3.1 Linux IPC 介绍 62
  - 3.1.1 信 号 63
  - 3.1.2 管 道 68
  - 3.1.3 消息队列 71
  - 3.1.4 信号量 71
  - 3.1.5 共享内存 71
  - 3.1.6 Domain Socket 73
- 3.2 Linux 多线程编程介绍 77
  - 3.2.1 创建线程 78
  - 3.2.2 线程的退出与取消 81
  - 3.2.3 线程退出时的同步问题 83
  - 3.2.4 线程清理函数 83
  - 3.2.5 线程取消状态 84
  - 3.2.6 线程同步 84
  - 3.2.7 第三方函数库 94
- 3.3 FrameBuffer 编程简介 95

第 4 章 基本体系结构 100

- 4.1 基础知识 100

- 4.1.1 嵌入式 Linux 的 GUI 到底有什么用 ·············· 100
- 4.1.2 如何定义基本体系结构 ·············· 101
- 4.1.3 为什么用客户机/服务器结构 ·············· 101
- 4.1.4 为什么要多进程 ·············· 102
- 4.1.5 为什么要多线程 ·············· 103
- 4.2 体系结构综述 ·············· 103
  - 4.2.1 客户机与服务器之间的通信通道 ·············· 103
  - 4.2.2 客户机需要与服务器交换什么信息 ·············· 105
  - 4.2.3 服务器对客户机进程的管理 ·············· 107
- 4.3 进程创建与进程的管理 ·············· 109

第 5 章 多窗口的设计与实现 ·············· 110

- 5.1 窗口树 ·············· 110
- 5.2 窗口的 Z 序 ·············· 112
- 5.3 窗口的剪切与剪切域 ·············· 112
  - 5.3.1 如何生成窗口剪切域 ·············· 112
  - 5.3.2 窗口/控件剪切域的生成过程 ·············· 113
  - 5.3.3 窗口剪切域的存储方法 ·············· 114
- 5.4 进程主窗口的初始剪切域与进程内窗体剪切域 ·············· 115
- 5.5 客户端对剪切域的管理 ·············· 116
- 5.6 窗口类的注册管理 ·············· 117
  - 5.6.1 注册内容 ·············· 118
  - 5.6.2 如何管理注册窗口类 ·············· 118
  - 5.6.3 注册窗口类如何发挥作用 ·············· 121

第 6 章 GUI 中的消息管理 ·············· 123

- 6.1 外部事件收集与分发 ·············· 123
- 6.2 消息队列 ·············· 125
- 6.3 GUI 的消息 ·············· 125
  - 6.3.1 LGUI 的消息队列结构 ·············· 126
  - 6.3.2 通知消息(NotifyMessage) ·············· 128
  - 6.3.3 邮寄消息 ·············· 129
  - 6.3.4 同步消息 ·············· 131
  - 6.3.5 绘制消息 ·············· 132

目录

  6.3.6 其他消息发送方式 …………………………………………………… 134
 6.4 LGUI 中消息堆的内存管理 ……………………………………………………… 134

第 7 章 窗口输出及无效区的管理 …………………………………………………… 137

 7.1 窗口的客户区与非客户区 ……………………………………………………… 137
 7.2 坐标系统 ………………………………………………………………………… 137
 7.3 输出管理机制 …………………………………………………………………… 138
 7.4 无效区 …………………………………………………………………………… 139

第 8 章 DC 与 GDI 的设计与实现 ……………………………………………………… 142

 8.1 设备上下文 DC 的描述 ………………………………………………………… 142
 8.2 GDI ……………………………………………………………………………… 145
 8.3 预定义 GDI 对象的实现 ………………………………………………………… 145
 8.4 GDI 对象的描述结构及创建方法 ……………………………………………… 146
 8.5 将 GDI 对象选入 DC 中 ………………………………………………………… 147
 8.6 GDI 绘图及优化 ………………………………………………………………… 147
 8.7 图形库 …………………………………………………………………………… 156
  8.7.1 GD …………………………………………………………………………… 156
  8.7.2 Cairo ………………………………………………………………………… 157
  8.7.3 AGG ………………………………………………………………………… 157
  8.7.4 GDI 与 GDI＋ ……………………………………………………………… 160

第 9 章 控件实现 ………………………………………………………………………… 163

 9.1 如何实现一个控件 ……………………………………………………………… 163
 9.2 不同消息的处理过程 …………………………………………………………… 169

第 10 章 定制 GUI 对图像的支持 ………………………………………………………… 174

 10.1 GUI 中图像解码的基本需求 …………………………………………………… 174
 10.2 BMP 文件 ………………………………………………………………………… 175
 10.3 JPEG 文件 ……………………………………………………………………… 176
 10.4 GIF 文件 ………………………………………………………………………… 177
 10.5 PNG 文件 ………………………………………………………………………… 178

第 11 章　字库及输入法的实现 ……………………………………………… 180

11.1　字符集与字符编码 …………………………………………………… 180
11.1.1　ASCII 码 ……………………………………………………… 180
11.1.2　DBCS 双字符集 ……………………………………………… 180
11.1.3　Unicode ……………………………………………………… 181
11.2　在嵌入式 GUI 中如何支持字符集与编码 …………………………… 183
11.3　在 GUI 中选择合适的字符集 ………………………………………… 184
11.4　关于字库的问题 ……………………………………………………… 185
11.5　FreeType ……………………………………………………………… 189
11.6　输入法 ………………………………………………………………… 192

第 12 章　GUI 的移植 ………………………………………………………… 194
12.1　操作系统适配层 ……………………………………………………… 194
12.2　输入设备的抽象 ……………………………………………………… 198
12.3　显示设备的差异 ……………………………………………………… 199

第 13 章　LGUI 应用开发模式 ……………………………………………… 200
13.1　应用开发的模式 ……………………………………………………… 200
13.2　开发调试方法 ………………………………………………………… 202
13.3　应用程序简例 ………………………………………………………… 203

第 14 章　GUI 系统的效率问题 ……………………………………………… 206

后　记——LGUI 开发的一些体会 …………………………………………… 208

参考文献 ……………………………………………………………………… 210

第1章 概 论

没有必要从 Linux 的来源说起。首先，介绍 GUI 在嵌入式 Linux 系统中所处的位置以及目前有哪些系统可供借鉴。

1.1 嵌入式系统的基本概念

在目前日益信息化的社会中，计算机与网络已经渗透到人们日常生活的每一个方面，而嵌入式系统，正是这个过程的主要推动力量。与人们生活息息相关的家用电器、汽车电子、随身携带的手机、MP3、手表、PDA、数码相机、数码摄像机，这一切都与嵌入式系统密切相关；而在工业领域，使用嵌入式设备控制的生产流水线、数字机床、智能工具也扮演着极其重要的角色。

嵌入式系统的一般定义是：以应用为中心、以计算机技术为基础、软件硬件可裁减，适应应用系统对功能、可靠性、成本、体积、功耗严格要求的专用计算机系统。

广义上讲，凡是带有微处理器的专用软硬件系统都可以称为嵌入式系统。所以也有人说：
"嵌入式系统是将操作系统和功能软件集成于计算机硬件系统之中。"

狭义上讲，人们更强调的是那些使用嵌入式微处理器构成独立系统，具有自己的操作系统并且具有某些特定功能的系统。

1.2 嵌入式系统的特征

与通用计算机不同，嵌入式系统是针对具体应用的专用系统，一般具有成本敏感性，它的硬件和软件必须高效地设计，好的嵌入式系统是完成目标功能的最小系统。

嵌入式系统一般要求高可靠性，例如在高温、高压、电磁干扰严重的工业环境中，就对嵌入式系统有很高的要求。

嵌入式处理器的功耗、体积、处理能力在具体应用中也有很高的要求，这在消费类电子产品方面的表现非常明显。嵌入式处理器要针对用户的具体需求，对芯片配置进行裁减和添加，才能达到理想的效果。

嵌入式系统软件和嵌入式应用软件也与通用计算机软件有所不同。一般嵌入式软件要求高质量的代码与高可靠性。另外,许多嵌入式应用系统,要求系统软件具有实时处理能力。在多任务嵌入式系统中,对重要性各不相同的任务进行统筹兼顾的合理调度是保证每个任务及时执行的关键。

1.3 选择 Linux 构建嵌入式系统

Linux 从 1991 年问世到现在,短短的十几年时间已经发展成为功能强大、设计完善的操作系统之一,不仅可以与各种传统的商业操作系统分庭抗争,在新兴的嵌入式操作系统领域内也获得了飞速发展。

嵌入式 Linux 的开发和研究是操作系统领域中的一个热点,目前已经开发成功的嵌入式系统中,大约有一半使用的是 Linux。Linux 之所以能在嵌入式系统市场上取得如此辉煌的成果,与其自身的优良特性是分不开的。

① 广泛的硬件支持。Linux 能够支持 x86、ARM、MIPS、ALPHA、PowerPC 等多种体系结构,目前已经成功移植到数十种硬件平台,几乎能够运行在所有流行的 CPU 上。Linux 有着异常丰富的驱动程序资源,支持各种主流硬件设备和最新硬件技术,甚至可以在没有存储管理单元(MMU)的处理器上运行,这些都进一步促进了 Linux 在嵌入式系统中的应用。

② 内核高效稳定。Linux 内核的高效和稳定已经在各个领域内得到了大量事实的验证。Linux 的内核设计非常精巧,分成进程调度、内存管理、进程间通信、虚拟文件系统和网络接口五大部分,其独特的模块机制可以根据用户的需要,实时地将某些模块插入到内核或从内核中移走。这些特性使得 Linux 系统内核可以裁减得非常小巧,很适合嵌入式系统的需要。

③ 开放源码,软件丰富。Linux 是开放源代码的自由操作系统,它为用户提供了最大限度的自由度;由于嵌入式系统千差万别,往往需要针对具体的应用进行修改和优化,因而获得源代码就变得至关重要了。Linux 的软件资源十分丰富,每一种通用程序在 Linux 上几乎都可以找到,并且数量还在不断增加。在 Linux 上开发嵌入式应用软件一般不用从头做起,而是可以选择一个类似的自由软件作为原型,在其上进行二次开发。

④ 优秀的开发工具。开发嵌入式系统的关键是需要有一套完善的开发和调试工具。传统的嵌入式开发调试工具是在线仿真器 ICE(In-Circuit Emulator),它通过取代目标板的微处理器,给目标程序提供一个完整的仿真环境,从而使开发者能够掌握程序在目标板上的工作状态,便于监视和调试程序。但是,在线仿真器的价格非常昂贵,而且只适合做非常底层的调试。如果使用的是嵌入式 Linux,且软硬件能够支持正常的串口功能,则即使不用在线仿真器也可以很好地进行开发和调试工作,从而节省了一笔不小的开发费用。嵌入式 Linux 为开发者提供了一套完整的工具链(tool chain),它利用 GNU 的 gcc 做编译器,用 gdb、kgdb、xgdb 做调试工具,能够很方便地实现从操作系统到应用软件各个级别的调试。

⑤ 完善的网络通信和文件管理机制。Linux 从诞生之日起就与 Internet 密不可分,支持

所有标准的 Internet 网络协议,并且很容易移植到嵌入式系统当中。此外,Linux 还支持 ext2、fat16、fat32、romfs 等文件系统,这些都为开发嵌入式系统应用打下了很好的基础。

1.4 GUI 在嵌入式 Linux 系统中的地位及要求

随着近年来手持式和家用型消费类电子产品的发展,人们对这些产品的用户界面产生了新的需求,例如:手机、PDA、便携式媒体播放器、家庭多媒体娱乐中心、数字机顶盒、DVD 播放器等产品。以前,这类产品的用户界面都比较简单,而现在可以看到,大部分产品都需要有漂亮的图形用户界面,甚至要求能够支持全功能的浏览器,使得用户能够随时随地进行网络信息的浏览。但是,由于消费类电子产品的成本敏感性,这些产品大多数希望建立在一个有限占用系统资源的轻量级 GUI 系统之上,这与 PC 中 GUI 系统有根本性的区别。

另外,一个轻量级 GUI 系统的需求存在于工业控制领域,由于工业控制领域对实时性的要求比较高,所以也不希望这些系统建立在庞大的、响应迟缓的 GUI 系统之上。尤其是在实时 Linux 系统出现以后,由于 Linux 系统的稳定性、可靠性、易移植性以及其广泛的软硬件支持,Linux 系统在工业领域也得到越来越多的应用,而一个轻量级的 GUI 系统也正是这类系统所需要的。

从用户的观点来看,GUI 是系统的一个至关重要的方面。用户通过 GUI 与系统进行交互,所以 GUI 应该易于使用并且非常可靠,而且它还需要有内存意识,可以在内存受限的微型嵌入式设备上运行。

从二次开发者的角度看,GUI 是一个友好的开发环境,开发者无需经过艰苦的学习就能适应开发过程。这样可以使得基于此平台的应用很快地丰富起来。对于二次开发商而言,也才有兴趣使用此产品,为终端产品制造商提供解决方案。

另外,必须清楚的是,嵌入式系统往往是一种定制设备,它们对 GUI 的需求也各不相同。有的系统只要求一些图形功能,而有些系统要求完备的 GUI 支持。因此,GUI 也必须是可定制的。

从系统的体系结构来看,GUI 系统属于应用层的软件系统,但通常而言,GUI 有别于一个简单的图形库,一个 GUI 系统通常会有自己的应用开发模式,从这个意义上讲,GUI 应该属于中间件的范畴。

GUI 在整个系统中所处的位置如图 1-1 所示。

图 1-1 GUI 在系统中所处的位置

1.5 用户界面概况

1.5.1 用户界面的历史

计算机用户界面是指计算机与其使用者之间的对话窗口,是计算机系统的重要组成部分。计算机的发展史不仅是计算机本身处理速度和存储容量飞速提高的历史,而且是用户界面不断改进的历史。早期的计算机是通过面板上的指示灯来显示二进制数据和指令,人们则通过面板上的开关、扳键及穿孔纸带送入各种数据和命令。20 世纪 50 年代中、后期,由于采用了作业控制语言(JCL)及控制台打字机等,使计算机可以批处理多个计算任务,从而代替了原来笨拙的手工扳键方式,提高了计算机的使用效率。

1963 年,美国麻省理工学院在 709/7090 计算机上成功地开发出第一个分时系统 CTSS,该系统连接了多个分时终端,并最早使用了文本编辑程序。从此,以命令行形式对话的多用户分时终端成为 20 世纪 70 年代乃至 80 年代用户界面的主流。

20 世纪 80 年代初,由美国 Xerox 公司 Alto 计算机首先使用的 Smalltalk-80 程序设计开发环境,以及后来的 Lisa、Macintosh 等计算机,将用户界面推向图形用户界面的新阶段。随之而来的用户界面管理系统和智能界面的研究均推动了用户界面的发展。用户界面已经从过去的人去适应笨拙的计算机,发展到今天的计算机不断地适应人的需求。

用户界面的重要性在于它极大地影响了最终用户的使用,影响了计算机的推广应用,甚至影响了人们的工作和生活。由于开发用户界面的工作量极大,加上不同用户对界面的要求也不尽相同,因此,用户界面已成为计算机软件研制中最困难的部分之一。当前,Internet 的发展异常迅猛,虚拟现实、科学计算可视化及多媒体技术等对用户界面提出了更高的要求。

1.5.2 图形用户界面的特征

图形用户界面(GUI)的广泛流行是当今计算机技术的重大成就之一,它极大地方便了非专业用户的使用,人们不再需要死记硬背大量的命令,而可以通过窗口、菜单,方便地进行操作。Visual 已成为当前最流行的形容词,如 Visual Basic、Visual C++等。为什么图形用户界面受到如此青睐?它的主要特征是什么?

1. WIMP

其中:

W(Windows)指窗口,是用户或系统的一个工作区域。一个屏幕上可以有多个窗口。

I(Icons)指图符,是形象化的图形标志。

M(Menu)指菜单,可供用户选择的功能提示。

P(Pointing Devices)指鼠标等,便于用户直接对屏幕对象进行操作。

2. 用户模型

GUI 采用了不少桌面办公的隐喻,使应用者共享一个直观的界面框架。由于人们熟悉办公桌的情况,因而对计算机显示的图符含义容易理解,诸如:文件夹、收件箱、画笔、工作簿、钥匙及时钟等。

3. 直接操作

过去的界面不仅需要记忆大量命令,而且需要指定操作对象的位置,如行号、空格数、X 及 Y 的坐标等。采用 GUI 后,用户可直接对屏幕上的对象进行操作,如拖动、删除、插入以至放大和旋转等。用户执行操作后,屏幕能立即给出反馈信息或结果,因而称为所见即所得(what you see is what you get)。用视、点(鼠标)代替了记、击(键盘),给用户带来了方便。

1.5.3 图形用户界面系统的结构模型

一个图形用户界面系统通常由三个基本层次组成。它们是显示模型、窗口模型和用户模型。用户模型包含了显示和交互的主要特征,因此图形用户界面这一术语有时也仅指用户模型。图 1-2 给出了图形用户界面系统的层次结构。

图 1-2 中的最底层是计算机硬件平台。硬件平台的上面是计算机的操作系统。大多数图形用户界面系统都只能在一两种操作系统上运行,只有少数的产品例外。

操作系统之上是图形用户界面的显示模型。它决定了图形在屏幕上的基本显示方式。不同的图形用户界面系统所采用的显示模型各不相同。例如大多数在 Unix 之上运行的图形用户界面系统都采用 X 窗口做

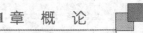

图 1-2 图形用户界面系统的层次结构

显示模型;MS Windows 则采用 Microsoft 公司自己设计的图形设备接口(GDI)做显示模型。

显示模型之上是图形用户界面系统的窗口模型。窗口模型确定窗口如何在屏幕上显示、如何改变大小、如何移动及窗口的层次关系等。它通常包括两个部分:一是编程工具;二是对如何移动、输出和读取屏幕显示信息的说明。因为 X 窗口不但规定了如何显示基本图形对象,也规定了如何显示窗口,所以它不但可以充当图形用户界面的显示模型,也可以充当它的窗口模型。

窗口模型之上是用户模型。图形用户界面的用户模型又称为图形用户界面的视感。它也包括两个部分:一是构建用户界面的工具;二是对于如何在屏幕上组织各种图形对象,以及这些对象之间如何交互的说明。比如,每个图形用户界面模型都会说明它支持什么样的菜单和什么样的显示方式。

图形用户界面系统的应用程序接口由其显示模型、窗口模型和用户模型的应用程序接口共同组成。例如 OSF/Motif 的应用程序接口就是由它的显示模型和窗口模型的应用程序接

口 Xlib,以及用户模型的应用程序接口 Xt Intrinsics 及 Motif Toolkit 共同组成的。

1.5.4 用户界面的发展:GUI＋新人机交互技术

人机交互是研究人、计算机以及它们相互影响的技术。随着计算机处理、存储能力的飞速提高,以及体积、成本的降低,人们已将注意力逐渐转移到改善人机交互的手段和界面方面,越来越期望计算机来适应人的习惯和要求。人们对于无所不在的计算要求,使手持移动计算逐渐成为当今主流的计算模式之一,人机交互的效率和自然性已经成为了移动计算普及和应用中最为核心的问题之一。能够将听、说、写等日常生活中的基本技能用于计算机操作,是提高计算机的可用性、友好性和自然性的重要方面。

随着虚拟现实、科学计算可视化及多媒体技术的飞速发展,新的人机交互技术不断出现,更加自然的交互方式将逐渐为人们所重视,这尤其体现在手持设备上。手持设备自身的物理特征决定了纯粹基于 WIMP 界面的交互方式很难在移动计算环境中取得良好的效果。交互设备和交互手段的限制降低了信息输入效率,而过小的屏幕又给输出信息的呈现造成了困难。与交互效率降低并存的还有交互自然性的下降,用户使用指点工具在过小的屏幕上进行点击、选择等精确操作,增加了交互过程中的认知负担,从而容易导致用户的厌烦心理。因此,提高移动系统人机交互的效率和自然性,是一个值得关注和研究的问题。

多通道人机交互(multi-modal human-computer interaction)是一种使用多种通道与计算机通信的人机交互方式。多通道人机交互是提高交互效率和自然性的有效途径。通道(modality,也有译为模态、模式)涵盖了用户表达意图、执行动作或感知反馈信息的各种通信方法,如言语、眼神、脸部表情、唇动、手动、手势、头动、肢体姿势、触觉、嗅觉或味觉等。多通道人机交互是提高交互效率和自然性的有效途径。单一的交互方式是导致交互效率低下的一个重要原因,多通道用户界面允许用户通过各种不同的交互通道以及它们之间的相互组合、协作来完成交互任务,这正好弥补了单一通道交互给用户带来的限制和负担。

多通道人机交互比传统 WIMP 界面适用于更多领域的应用程序以及更广泛的用户群。笔和按键是目前手持设备上使用最广泛的输入手段,它们都是单一通道的输入模式,而单纯的图形文本显示也是一种单通道的输出方式。单一的交互方式是导致交互效率低下的一个重要原因,多通道用户界面允许用户通过各种不同的交互通道以及它们之间的相互组合、协作来完成交互任务,这正好弥补了单一通道交互给用户带来的限制和负担。同时,移动设备所访问和处理的信息由各种不同的媒体承载,在这样一个混合媒体的环境中,系统需要多个通道来对应各种不同的信息类型。

1.6 Linux 图形环境及桌面平台简介

在介绍嵌入式 Linux 上的 GUI 系统之前,作为背景知识,先介绍一下 Unix/Linux 上的图形环境与桌面平台。

虽然 Linux 桌面应用近年来取得了长足进展,但就所占市场份额而言,桌面平台依然是 Windows 的天下。对大多数习惯于使用 Windows 的用户来说,Unix/Linux 的图形环境可能与他们对于图形界面系统的认识有比较大的出入。Linux 实际上是以 Unix 为模板的,无论系统结构还是操作方式也都与 Unix 无异。可以说:Linux 就是 Unix 类系统中的一个特殊版本。众所周知,微软 Windows 在早期只是一个基于 DOS 的应用程序,用户必须首先进入 DOS,然后再启动 Windows 进程;而从 Windows 95 开始,微软把图形界面作为默认,命令行界面只有在需要的情况下才开启,后来的 Windows 98/Me 实际上也都隶属于该体系;到 Windows 2000 之后,DOS 被彻底清除,Windows 成为一个完全图形化的操作系统。但 Unix/Linux 与 Windows 完全不同,强大的命令行界面始终是 Unix/Linux 的基础。

在 20 世纪 80 年代中期,图形界面风潮席卷操作系统业界,麻省理工学院(MIT)也在 1984 年与当时的 DEC 公司合作,致力于在 Unix 系统上开发一个分散式的视窗环境,这便是大名鼎鼎的"X Window System"项目。不过,X Window 并不是一个直接的图形操作环境,而是作为图形环境与 Unix 系统内核沟通的中间桥梁,任何厂商都可以在 X Window 基础上开发出不同的 GUI 图形环境。MIT 和 DEC 的目的只在于为 Unix 系统设计一套简单的图形框架,以使 Unix 工作站的屏幕上可显示更多的命令,对于 GUI 的精美程度和易用程度则并不讲究。1986 年,MIT 正式发行 X Window,此后它便成为 Unix 的标准视窗环境。紧接着,全力负责发展该项目的 X 协会成立,X Window 进入了新阶段。与此同步,许多 Unix 厂商也在 X Window 原型上开发适合自己的 Unix GUI 视窗环境,其中比较著名的有 SUN 与 AT&T 联手开发的 Open Look、IBM 主导下的 OSF(Open Software Foundation,开放软件基金会)开发出的 Motif。而一些爱好者则成立了非营利的 XFree86 组织,致力于在 X86 系统上开发 X Window,这套免费且功能完整的 X Window 很快就进入了商用 Unix 系统中,且被移植到多种硬件平台上,后来的 Linux 也直接从该项目中获益。

基于 X 的应用软件是通过调用 X 的一系列 C 语言函数实现其各种功能的。这些函数称为 Xlib(X 库),它提供了建立窗口、画图、处理用户操作事件等基本功能。Xlib 是一种底层库,用它来编写图形和交互界面程序虽然非常灵活,但却比较复杂甚至繁琐。为此又发展出了一些比 Xlib 更高层的库函数,称做工具包(Toolkits),它们将一些常用的界面图形(如窗口、菜单、按键等,通常称做工具包中的组件 Widgets)按面向对象编程的方式组织到一起供应用软件使用,而工具包的 Intrinsics(内在、本质)允许在它们之上建立新的 Widget。

Xlib、X Intrinsic 以及 Toolkits 之间的关系是:Xlib 控制 X 协议以及网络问题,对开发者而言只是一些非常原始的接口函数,只提供基本的 C 语言 API。在 Xlib 上是 X Intrinsic,X Intrinsic 为高层的 Toolkits 提供面向对象的框架,如果需要自己开发一套 Toolkits,可以从这里开始。

再向上就是 Toolkits 库。Toolkits 则提供完整的用户界面开发包,里面有了"菜单"、"按钮"等基本的窗口对象，这些常被称做 Widget。开发者编写的程序可以基于上面三种的任何一种进行开发：Xlib 库（工作量很大），X Intrinsic（仍然很困难），Toolkit/Widgets（种类较多，开发起来也相对容易得多）。基本的结构如图 1-3 所示。

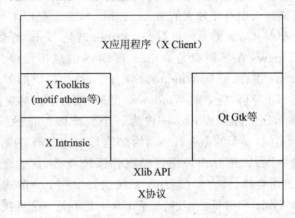

图 1-3 开发 X 系统时的基本结构图

X 下的程序设计并不困难，但如果只是基于 Xlib，则相当于使用汇编语言开发程序，工作量比较大。如果界面要求不复杂，注重效率，可以使用这种方式。如果需要开发工具有完整 Windows 风格的程序，最好还是选用其他方法。基于 X Toolkits 进行开发以前是 X 程序开发的主流，不过 X Toolkits 提供的面向对象特征并不强，而且调用函数多，概念多，不容易上手。Qt、Gtk 是在自由软件浪潮中发展起来的，具有非常明显的面向对象的特点，而且直接基于 Xlib，封装完整，特别是 Qt，采用 C++类作为接口 API，具有界面美观（可以很像 Windows）、开发时间短（可以使用 VC 一类的图形工具画窗口）、运行效率高（直接基于 Xlib）等特点，已经成为目前进行 X Window 程序设计的首选。

对用户来讲，所接触的 X 系统首先是在计算机显示器上的窗口系统。事实上，X 系统的概念是多方面的，X Window 是一种协议，通过它，应用程序可以在支持位图显示和能接受输入的计算机上产生输出。X Window 系统建立在一种客户机/服务器模型之上，这里，应用程序是客户，它通过 X 协议与服务器联系，服务器承担直接向显示产生输出和接受输入的工作。另外，X 系统是一种基于网络的窗口系统。一个基于 X 系统的应用程序既可以在本机上运行，也可以在另外一台机器上运行，通过网络（TCP/IP 或 DECnet 网络）将输出与输入的工作交到任一指定的显示终端上。这里，控制显示的程序称做 Server 或 X Server（X 服务器），它是直接与计算机硬件平台打交道的程序。在本地机或远程机上运行的用户应用程序和执行输出/输入的本地机的资源之间，X 服务器起着桥梁作用。

X Window 系统中经常被混淆的一个关键概念是服务器与客户之间的区别。在计算机网络中，服务器指的是向其他机器传输文件的机器，然而 X Window 系统中的服务器起的是完全不同的作用。X Window 系统中，服务器是从用户处接收输入并向用户显示输出的硬件或软件。例如，用户面前的键盘、鼠标和显示器就是服务器的一部分，即它们图形化地向用户提供信息"服务"。客户是指连接到服务器的应用程序。

在 X Window 系统中，服务器与客户可以存在于同一个工作站或者计算机上，使用进程间通信（IPC）机制，如 Unix 管道与套接字，在它们之间传递信息。本地客户是指运行在用户面前的机器上的应用程序。远程客户是指运行在通过网络连接到用户的服务器上的应用程序。不管是本地客户还是远程客户，对于 X Window 系统的用户来讲，外观与感受都是完全一样的。

图 1-4 描绘了三个客户应用程序 X、Y、Z，它们均在 X Window 系统的服务器上显示输出。每个应用程序都在不同的机器上运行。远程客户 X 运行在通过局域网连接到 X Window 系统的机器上；远程客户 Y 运行在通过广域网连接到 X Window 系统的机器上；本地客户 Z 直接运行在作为服务器的工作站上，使用 Unix 套接字在服务器显示器上显示输出请求。

X Window 作为一个图形环境是成功的，它上面运行着包括 CAD 建模工具和办公套件在内的大量应用程序。但是，由于 X Window 在体系接口上的原因，限制了其对游戏、多媒体的支持能力。

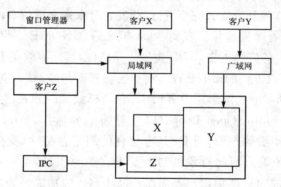

图 1-4　X Window 客户与服务器拓扑图

MIT 的 X Window 推出之后就成为 Unix 图形界面的标准，但在商业应用上分为两大流派：一派是以 Sun 公司领导的 Open Look 阵营，另一派是 IBM/HP 领导的 Motif 阵营，双方经过多年竞争之后，Motif 最终获得领先地位。不过，Motif 只是一个带有窗口管理器（Window-Manager）的图形界面库（Widget-Library），而并非一个真正意义上的 GUI 界面。经过协商之后 IBM/HP 与 SUN 决定把 Motif 与 Open Look 整合，并在此基础上开发出一个名为 CDE（Common Desktop Environment）的 GUI 作为 Unix 的标准图形界面。遗憾的是，Motif 和 CDE 系统的价格都非常昂贵，而当时微软的 Windows 发展速度惊人并率先在桌面市场占据垄断地位，所以 CDE 一直停留在 Unix 领域提供给 root 系统管理员使用，直到今天情况依然如此。

第 1 章 概 论

在 20 世纪 90 年代中期，以开源模式推进的 Linux 在开发者中已经拥有广泛的影响力。尽管 X Window 已经非常成熟，也有不少基于 X Window 的图形界面程序，但它们要么没有完整的图形操作功能，要么就是价格高昂（如 CDE），根本无法用于 Linux 系统中。如果 Linux 要获得真正意义上的突破，一套完全免费、功能完善的 GUI 就非常必要。1996 年 10 月，德国人 Matthias Ettrich 发起了 KDE（Kool Desktop Environment）项目，与之前各种基于 X Window 的图形程序不同的是，KDE 并非针对系统管理员，它面向普通的终端用户，Matthias Ettrich 希望 KDE 能够包含用户日常应用所需要的所有应用程序组件，例如 Web 浏览器、电子邮件客户端、办公套件、图形图像处理软件等，把 Unix/Linux 彻底带到桌面。当然，KDE 符合 GPL 规范，以免费和开放源代码的方式运行。

KDE 项目发起后，迅速吸引了一大批高水平的自由软件开发者，这些开发者都希望 KDE 能够把 Linux 系统的强大能力与舒适直观的图形界面联结起来，创建最优秀的桌面操作系统。经过艰苦努力，KDE 1.0 终于在 1998 年的 7 月 12 日正式推出。以当时的水平来说，KDE 1.0 在技术上可圈可点，它较好地实现了预期的目标，各项功能初步具备，开发人员已经可以很好地使用它了。当然，对用户来说，KDE 1.0 远远比不上同时期的 Windows 98 来得平易近人，KDE 1.0 中大量的 Bug 更是让人头疼。但对开发人员来说，KDE 1.0 的推出鼓舞人心，它证明了 KDE 项目开源协作的开发方式完全可行，开发者对未来充满信心，KDE 项目也走上了快速发展阶段并长期保持着领先地位。直到 2004 年之后，GNOME 不仅开始在技术上超越前者，也获得更多商业公司的广泛支持，KDE 丧失主导地位，其原因就在于 KDE 选择在 Qt 平台基础上开发，而 Qt 在版权方面的限制让许多商业公司望而却步。

Qt 是一个跨平台的 C++图形用户界面库，它是挪威 TrollTech 公司的产品。基本上，Qt 与 X Window 上的 Motif、Open Look、GTK 等图形界面库，Windows 平台上的 MFC、OWL、VCL、ATL 是同类型的东西，但 Qt 具有优良的跨平台特性（支持 Windows、Linux、各种 Unix、OS390 和 QNX 等）、面向对象机制以及丰富的 API，同时也可支持 2D/3D 渲染和 OpenGL API。在当时的同类图形用户界面库产品中，Qt 的功能最为强大，Matthias Ettrich 在发起 KDE 项目时很自然选择了 Qt 作为开发基础，也正是得益于 Qt 的完善性，KDE 的开发进展颇为顺利。这样，当 KDE 1.0 正式发布时，外界看到的便是一个各项功能基本具备的 GUI 操作环境，且在后来的发展中，Qt/KDE 一直都保持领先优势。

KDE 发展一段时间后，开发者面临一个需要迫切解决的问题：虽然 KDE 采用 GPL 规范进行发行，但底层的基础 Qt 却是一个不遵循 GPL 的商业软件，这就给 KDE 上了一道无形的枷锁并带来可能的法律风险。一大批自由程序员对 KDE 项目的决定深为不满，它们认为利用非自由软件开发违背了 GPL 的精神，于是有一些人决定重新开发一套名为 GNOME（GNU Network Object Environment）的图形环境来替代 KDE。

GNOME 项目于 1997 年 8 月发起，创始人是当时年仅 26 岁的墨西哥程序员 Miguel De Icaza。GNOME 选择完全遵循 GPL 的 GTK 图形界面库为基础，因此一般把 GNOME 和

KDE两大阵营称为GNOME/GTK和KDE/Qt。与Qt基于C++语言不同,GTK采用较传统的C语言,虽然C语言不支持面向对象设计,看起来比较落后,但当时熟悉C语言的开发者远远多于熟悉C++的开发者。加之GNOME/GTK完全遵循GPL版权公约,吸引了更多的自由程序员参与,但由于KDE先行一步,且基础占优势,所以KDE一直都保持领先地位。

GNOME的转机来自于商业公司的支持。当时Linux业界的老大RedHat很不喜欢KDE/Qt的版权。在GNOME项目发起后,RedHat立刻对其提供支持。为了促进GNOME的成熟,RedHat甚至专门派出几位全职程序员参与GNOME的开发工作,并在1998年1月与GNOME项目成员携手成立了RedHat高级开发实验室。1999年4月,Miguel与另一名GNOME项目的核心成员共同成立Helix Code公司为GNOME提供商业支持,这家公司后来更名为Ximian,它事实上就成为GNOME项目的母公司,GNOME平台上的Evolution邮件套件便出自该公司之手。进入2000年之后,GNOME获得许多重量级商业公司的支持,如惠普公司采用GNOME作为HP-UX系统的用户环境,SUN则宣布把StarOffice套件与GNOME环境相整合,而GNOME也把选择OpenOffice.org作为办公套件,IBM公司则为GNOME共享了SashXB极速开发环境。同时,GNOME基金会也决定采用Mozilla作为网页浏览器。KDE阵营也毫不示弱,在当年10月份推出KDE 2.0。KDE 2.0堪称当时最庞大的自由软件,除了KDE平台自身外,还包括Koffice办公套件、Kdevelop集成开发环境以及Konqueror网页浏览器。尽管这些软件都还比较粗糙,但KDE 2.0已经很好地实现了Matthias Ettrich成立KDE项目的目标。也是在这个月,TrollTech公司决定采用GPL公约来发行Qt的免费版本,希望能够以此赢得开发者的支持。这样,Qt实际上就拥有双重授权:如果对应的Linux发行版采用免费非商业性的方式进行发放,那么使用KDE无须向TrollTech交纳授权费用;但如果Linux发行版为盈利性的商业软件,那么使用KDE时必须获得授权。由于TrollTech是商业公司且一直主导着KDE的方向,双许可方式不失为解决开源与盈利矛盾的好办法。TrollTech宣称,双许可制度彻底解决了KDE在GPL公约方面的问题,但RedHat并不喜欢,RedHat不断对GNOME项目提供支持,希望它能够尽快走向成熟,除RedHat之外的其他Linux厂商暂时都站在KDE这一边,但他们同时也在发行版中捆绑了GNOME桌面。

在2001—2002年,火热一时的Linux开始陷入低潮期,几乎所有的厂商都发现桌面Linux版本不可能盈利,而易用性的不足也让业界不看好Linux进入桌面的前途。但在服务器市场,Linux发展势头非常迅猛,直接对Unix和Windows Server造成威胁。不过,秉承自由软件理念的开发者们并不理会外界的论调,他们一直把Linux桌面化作为目标,GNOME项目和KDE项目都在这期间获得完善发展。2001年4月,GNOME 1.4发布,它修正了之前版本的Bug,功能也较为完善,但在各方面与KDE依然存在差距;同年8月,KDE发展到2.2版本。2002年4月,KDE跳跃到3.0版本,它以Qt 3.0为基础,各项功能都颇为完备,具备良好的使用价值;两个月后,GNOME阵营也推出2.0版本,它基于更完善的GTK 2.0图形库。

进入到 2003 年后，KDE 与 GNOME 进入真正意义上的技术较量。1 月份，KDE 3.1 推出，而 GNOME 2.4 则在随后的 2 月份推出，两大平台都努力进行自我完善。也是在这一年，Linux 商业界出现一系列重大的并购案：1 月份，Novell 公司宣布收购德国的 SuSE Linux，而 SuSE Linux 是地位仅次于 RedHat 的全球第二大 Linux 商业企业；8 月，Novell 接着把 GNOME 的母公司 Ximian 收归旗下。这两起并购案让 Novell 成为实力与 RedHat 不相上下的强大 Linux 企业，而 Novell 和 RedHat 就成为能够影响 Linux 未来的两家企业。在图形环境上，SuSE 一向选择 KDE，并在 KDE 身上投入相当多的精力，在被 Novell 并购后，SuSE 的桌面发行版尽管还侧重于 KDE，但同样不喜欢 Qt 授权的 Novell 已经开始向 GNOME 迁移。

进入 2004 年后，KDE 与 GNOME 依然保持快速发展，KDE 阵营分别在 2 月份和 8 月份推出 3.2 和 3.3 版本，GNOME 则在 3 月和 9 月推出 2.6 和 2.8 版本，两者的版本升级步幅旗鼓相当。到 3.3 版本，KDE 已经非常成熟，它拥有包括 Koffice、Konqueror 浏览器、Kmail 套件、KDE 即时消息在内的一大堆应用软件，且多数都达到可用标准，功能上完全不亚于 Windows 2000。而 GNOME 更是在此期间高速发展，GNOME 2.8 版本的水准完全不逊于 KDE 3.3，而且此时两者的技术特点非常鲜明：GNOME 讲究简单、高效，运行速度比 KDE 更快；KDE 则拥有华丽的界面和丰富的功能，使用习惯也与微软 Windows 较类似。商业支持方面，RedHat 还是 GNOME 的铁杆支持者，IBM、SUN、Novell、HP 等重量级企业也都选择 GNOME，而 KDE 的主要支持者暂时为 SuSE、Mandrake 以及中科红旗、共创开源在内的国内发行商。2005 年，厚积薄发的 GNOME 开始全面反超，3 月份的 2.10 版本、9 月份的 2.12 版本让 GNOME 获得近乎脱胎换骨的变化，加之 OpenOffice.org 2.0、Firefox 1.5 等重磅软件的出台让 GNOME 如虎添翼；KDE 方面则分别在 3 月和 11 月推出 3.4 和 3.5 版本，其中 KDE 3.5 也逼近完美境地，它的水平与 GNOME 2.12 不相伯仲。但 KDE 在商业支持方面每况愈下，Novell 在 11 月宣布旗下所有的商业性发行版使用 GNOME 作为默认桌面（仍会对 KDE Libraries 提供支持），SuSE Linux 桌面版则会对 KDE 与 GNOME 提供同等支持，而社区支持的 OpenSuSE 仍然使用 KDE 体系，但 GNOME 已成为 Novell 的重心，KDE 只是活跃在免费的自由发行版中。

虽然在商业方面存在竞争，GNOME 与 KDE 两大阵营的开发者关系并没有变得更糟，相反他们都意识到支持对方的重要性。如果 KDE 和 GNOME 无法实现应用程序的共享，那不仅是巨大的资源浪费，而且导致 Linux 出现根本上的分裂。事实上，无论是 GNOME 的开发者还是 KDE 的开发者，他们都有着共同的目标，就是为 Linux 开发最好的图形环境，只是因为理念之差而分属不同的阵营。KDE 与 GNOME 的商业竞争对开发者们其实没有任何利益影响（只有 TrollTech 会受影响），基于共同的目的，KDE 与 GNOME 阵营大约从 2003 年开始逐渐相互支持对方的程序——只要在 KDE 环境中安装 GTK 库，便可以运行 GNOME 的程序，反之亦然。经过两年多的努力，KDE 和 GNOME 都已经实现高度的互操作性，两大平台的程序都是完全共享的，例如可以在 GNOME 中运行 Konqueror 浏览器、Koffice 套件，也可以在 KDE 中运行 Evolution 和 OpenOffice.org，只不过执行本地程序的速度和视觉效果会好一些。

目前，GNOME 与 KDE 都处在不断的更新与发展中，包括新的一些视觉效果可以说丝毫不逊色于 Windows Vista。

图 1-5 所示为 Linux 桌面 3D 效果，从中就能够体会到 Linux 桌面上页面切换时漂亮的动态效果。

图 1-5　Linux 桌面 3D 效果

1.7　各种嵌入式 Linux 上的图形库与 GUI 系统介绍

1.7.1　Qt/Embedded

关于 Qt 在前面已经有所介绍，而 Qt/Embedded 是 TrollTech 推出的面向嵌入式环境的版本。

Qt 只是一个用于开发图形界面的库，从系统架构上讲，应该不属于图形用户界面这个层面。实际上 TrollTech 在推出这个库的同时，推出了嵌入式环境下的桌面应用开发环境 Qtopia，一般说 Qt/Embedded 不仅仅指 Qt/Embedded 图形库，还包括 Qtopia 桌面应用开发环境。

利用 Qt 编程，可以充分利用其高度面向对象和模块化的特征，从繁琐的 X 编程中解脱出来，专注于程序本身的内容，使 Linux 下窗口程序设计成为一件非常轻松的事情。

Qt 中的各种窗口可以根据参数以几种不同的风格显示，例如 MS Windows 风格、CDE 风格等。几乎所有的控件都可以在 Qt 中找到相应的类。

关于对象间通信的问题，Qt 采取了一种被称做 Signal – Slot 的方式，这是 Qt 的重要特征之一。在 MS Windows 中，程序通过消息队列和消息循环的方式进行消息的传递与事件的触发，而 Qt 的 Signal – Slot 机制采取了这样的方式：一个类可以定义多个 Signal 和多个 Slot，Signal 就好像是"事件"，而 Slot 则是响应事件的"方法"，并且和一般的成员函数没有太大的区别。如需要实现它们之间的通信时，就将某个类的 Slot 与另一个类的 Signal "连接"起来，从而实现"事件驱动"。例如，如果需要实现一个功能，当按下某个按钮时，程序弹出一个对话框。做法就是：当按下一个按钮时，发出一个 Signal，而这个 Signal 是事先和某个类的弹出对话框的方法（一个 Slot）相连接的。

因为 Qt 是 KDE 等项目使用的 GUI 支持库，所以有许多基于 Qt 的 X Window 程序可以非常方便地移植到 Qt/Embedded 版本上。因此，自从 Qt/Embedded 以 GPL 条款形式发布以来，就有大量的嵌入式 Linux 开发商转到了 Qt/Embedded 系统上。

但是 Qt/Embedded 的问题也是很明显的，程序效率较低与资源消耗较高。

Qt/Embedded 库目前主要针对手持式信息终端。因为对硬件加速支持的匮乏，很难应用到对图形速度、功能和效率要求较高的嵌入式系统当中，比如机顶盒、游戏终端等。

Qt/Embedded 提供的控件及风格沿用了 PC 风格，并不太适合许多手持设备的操作要求。

Qt/Embedded 的结构过于复杂，很难进行底层的扩充、定制和移植，尤其是用来实现 Signal –Slot 机制的 moc 文件。

1.7.2　MicroWindows/NanoX

MicroWindows 是一个开放源码的项目，由美国 Century Software 公司主持开发。

MicroWindows 能够在没有任何操作系统或其他图形系统支持的情况下运行，它能对"裸设备"进行直接操作。这样 MicroWindows 就显得十分小巧，便于移植到各种硬件和软件系统上。MicroWindows 现在除了可以运行在拥有 FrameBuffer 驱动的 32 位的 Linux 系统上，还可以运行在 SVGAlib 库上，也能运行在 16 位的 LinuxELKS 和实模式的 MSDOS 上。MicroWindows 已经有了 1、2、4、8、16 和 32 位色彩显示驱动，而且 MicroWindows 的图形引擎使其能够运行在任何支持 readpixel、writepixel、drawhozline、drawvertline 和 setpalette 的系统上。

MicroWindows 的设计是分层的，这样的设计便于用户按自己的需要来修改、删减和增加。它分三层：最底层是 screen、mouse/touchpad 和 keyboard 驱动程序，它们直接与显示和输入硬件打交道；中间层是一个可移植的图形引擎层，它使用最底层提供的功能完成对画线、区域填充、文本、多边形、区域裁剪、色彩等的支持；最上层是 API，提供给图形化程序调用。目前这些 API 支持 Win32 和 Nano X 接口。这样一来，它们就与 Win32 和 X Window 窗口系统保持了兼容，在这些系统间移植应用软件就要容易得多。因为 WinCE API 是 Win32 API 的子集，所以 MicroWindows 也与 Win CE 在应用接口一级兼容，可在 MicroWindows 的嵌入式系统上运行 Win CE 应用。

该项目的主要特色在于提供了类似 X 的客户/服务器体系结构，并提供了相对完善的图形功能，包括一些高级的功能，比如 Alpha 混合，三维支持，TrueType 字体支持等。

1.7.3 MiniGUI

MiniGUI 是国内的一个自由软件项目，目前，MiniGUI 由北京飞漫软件公司负责开发。

MiniGUI 有两个不同架构的版本。最初的 MiniGUI 运行在 PThread 库之上，这个版本适合于功能单一的嵌入式系统，但存在系统健壮性不够的缺点。在 0.9.98 版本中，引入了 MiniGUI-Lite 版本，这个版本允许在不同的进程中创建应用程序，但同时只能有一个进程运行。下面的讨论针对其多线程的版本。

MiniGUI 有如下特点：

(1) 微客户/服务器结构

因为 MiniGUI 客户/服务器体系在一个进程中实现，所以称之为微客户/服务器结构。在 MiniGUI 中，有一个线程，即服务器线程负责维护全局的窗口列表，而其他线程不能直接修改这些全局的数据结构。而是通过请求—服务的模式来完成。例如，当一个线程要求桌面线程创建一个窗口时，该线程通过向桌面线程发送消息，然后等待桌面线程的响应，由桌面线程完成请求的任务后再通知请求线程的方式来实现。

(2) 多线程多窗口

MiniGUI 的窗口包括：主窗口、子窗口、对话框、控件。MiniGUI 的主窗口与附属主窗口对应于一个单独的线程，通过函数调用可建立主窗口以及对应的线程，每个线程都有一个消息队列，属于同一线程的所有主窗口从这一消息队列中获取消息并由注册的窗口过程进行处理。

(3) 消息与消息循环

MiniGUI 是典型的消息驱动系统。拥有单独线程与消息队列的窗口自创建后就处于消息循环中，读取消息队列中的消息并处理消息，直到接收到特定的消息为至。

MiniGUI 系统中的消息主要分为两类：邮寄消息和通知消息。在任何一个窗口消息队列中，邮寄消息队列的长度是固定的，这意味着在系统繁忙的时候，这类消息有丢失的可能；另外一种消息是通知消息，这类消息是通过链表进行存储的，是不允许丢失的。MiniGUI 支持多种消息的传递方式。

第1章 概 论

PostMessage,消息发送到消息队列后立即返回,在目的窗口的邮寄消息队列满的情况下,消息会丢失。

PostSyncMessage,发送同步消息,只有消息被处理后,函数才能返回。

SendMessage,可以向任意一个窗口发送消息,消息处理完之后,函数返回。如果目标窗口所在线程和调用线程是同一个线程,该函数直接调用窗口过程,否则调用 PostSyncMessage 函数发送同步消息。

SendNotifyMessage,向指定的窗口发送通知消息,将消息发送到对方消息队列后立即返回。

(4) 图形抽象层与输入抽象层

MiniGUI 中定义了一组不依赖于任何特定硬件的抽象接口,所有顶层的图形操作和输入处理都建立在抽象接口上,而用于实现这一抽象接口的底层代码称为"图形引擎"或"输入引擎"。这种设计方式很大程度上方便了程序的移植。MiniGUI 目前包含 3 个图形引擎,SVGALib、LibGGI 以及直接基于 Linux FrameBuffer 的 Native Engine,利用 LibGGI 时,可在 X Window 上运行 MiniGUI 应用程序,并可非常方便地进行调试。

1.7.4 OpenGUI

OpenGUI 在 Linux 系统上已经存在很长时间了。最初的名字叫 FastGL,支持多种操作系统平台,比如 MS‐DOS、QNX 和 Linux 等,不过目前只支持 x86 硬件平台。OpenGUI 也分为三层。最底层是由汇编语言编写的快速图形引擎;中间层提供了图形绘制 API,包括线条、矩形、圆弧等,并且兼容于 Borland 的 BGI API;第三层用 C++语言编写,提供了完整的 GUI 对象集。

OpenGUI 采用 LGPL 条款发布。OpenGUI 比较适合于基于 x86 平台的实时系统,可移植性稍差,目前的发展也基本停滞。

综上所述,面向嵌入式 Linux 的 GUI 系统已经发展了很长时间,有些已经是比较成熟的产品了,同时也得到了较为广泛的利用,例如 Qt/Embedded 目前已使用到 PDA 和手机产品中,Motorola 公司于 2003 年推出的手机产品中就使用了 Qt/Embedded。而 MicroWindows 等轻量级的 GUI 系统在工控机、机顶盒等产品中得到广泛应用。

开发新的嵌入式 Linux 的 GUI 系统,首先是建立在对 GUI 系统一种新的设计思路上。系统的优劣是相对而言的,只是面向不同的应用领域其区别于其他系统的优越性才能体现出来。当然,现有的系统存在一些固有的缺陷,如 Qt/Embedded 来源于 PC 系统的 Qt,尽管经过了裁减,系统依然比较庞大,静态空间占用在 10 MB 以上,而动态空间占用一般在 16 MB 或 32 MB 才能比较流畅运行,另外 Qt/Embedded 的运行效率不高,无法在较低端的系统上运行;而 MiniGUI 为了降低系统设计的难度,采取了一些不利于二次开发的策略,同时对应用采取了诸多限制。

1.7.5 GTK+

谈到 Linux 下的 GUI 系统，就不能不说 GTK+，虽然，GTK+ 在嵌入式环境下使用要相对少一些，但也有很多项目正计划使用 TinyX 与 GTK+ 的组合，或者已经有一些项目参考或移植了 GTK+ 的代码来架构自己的 GUI 系统。作为一个 GUI 库来讲，GTK+ 一直处于持续的开发与维护之中，从而使得 GTK+ 的代码具有比较高的质量，代码中存在的 Bug 也能在升级过程中很快得到修改。

从前面的叙述中可以知道，GTK+ 与 Qt 一样依赖于 Xlib，如果不太好理解，以下是一个简单的类比：

GTK+ 与 QT ，和 MS windows 平台

GTK+/Qt <-----> MFC

Xlib <-----> Win32 API

GTK+ 与 X 的搭配有如下特点：

① X Window 系统与 GTK+ 都非常稳定可靠，X Window 系统是经历了长期的开发及应用实践的，GTK+ 也是一个比较成熟的开放源代码项目。

② X Window 系统是一个灵活的 client/server 的模型结构，一个应用客户端的崩溃不会影响到图形系统的其他部分，这是一个很重要的特性，它有利于支持第三方应用的扩展开发，而不会影响到主体部分。

③ GTK+ 有两个重要的库：GDK 和 GLIB。GDK 抽象了底层的窗口管理，要移植 GTK+ 到另一个不同的窗口系统，只需要移植 GDK 即可。GLIB 是一个工具集合，它包括了数据类型、各种宏定义、类型转化、字符串处理，任何应用程序都可以链接这个 GLIB 库，使用其中的各种数据类型、方法，来避免重复代码。

④ 对 GTK+/X 的裁减是很容易的，它们有很好的可配置选项，有着清晰的代码结构，可以保证安全正确地去掉大段的不需要的代码。

⑤ GTK+ 有着大量的应用，GTK+ 已经被用在了很多重要的应用系统中。

⑥ GTK+ 的授权是 LGPL 方式的，X 是 non-copyleft free license 的，第三方开发的系统都能与它们进行链接。

⑦ GTK+ 与 X 二者都是基于 C 语言代码的，而不是 C++。

⑧ GTK+ 使用 C 语言来实现了面向对象的架构。

⑨ GTK+ 采用具有面向对象特色的 C 语言开发框架，这使它在开发 GUI 应用程序时比较简洁，其中的很多代码只要简单地复制和更改即可完成，只用一个 C 源代码文件就可以创建一个 Linux 下的 GUI 程序。

从 Linux 桌面环境 KDE 与 GNOME 的发展来看，正是因为商业授权的限制使得 GNOME 的发展后来居上，如果计划要在嵌入式 LinuxGUI 系统方面进行长期投入与开发，也

许 GTK＋是更好的选择。

1.8 Linux 系统中的多语言问题

GTK＋中通过 mo 文件实现了多语言的支持，如果要开发一个支持多语言的 GUI 系统，这种方法也是一种不错的选择。当然作为嵌入式环境，也可以定制自己的多语言支持方法，不过，多语言支持并不仅仅只是显示不同的字符那么简单，多语言支持有很多方面的问题需要考虑。

1. 关于 locale 的问题

locale 这个单词中文翻译为地区或者地域，其实这个单词包含的意义很多。locale 是根据计算机用户所使用的语言，所在国家或者地区，以及当地的文化传统所定义的一个软件运行时的语言环境。

在 Linux 命令行输入如下命令：

```
[root@ ****]# /usr/bin/locale
LANG=zh_CN.UTF-8
LC_CTYPE="zh_CN.UTF-8"
LC_NUMERIC="zh_CN.UTF-8"
LC_TIME="zh_CN.UTF-8"
LC_COLLATE="zh_CN.UTF-8"
LC_MONETARY="zh_CN.UTF-8"
LC_MESSAGES="zh_CN.UTF-8"
LC_PAPER="zh_CN.UTF-8"
LC_NAME="zh_CN.UTF-8"
LC_ADDRESS="zh_CN.UTF-8"
LC_TELEPHONE="zh_CN.UTF-8"
LC_MEASUREMENT="zh_CN.UTF-8"
LC_IDENTIFICATION="zh_CN.UTF-8"
LC_ALL=
```

2. 这些项所表示的意义

用户环境可以按照所涉及的文化传统的各个方面分成几个大类，通常包括：

- 用户所使用的语言符号及其分类(LC_CTYPE)；
- 数字 (LC_NUMERIC)；
- 比较和排序习惯(LC_COLLATE)；
- 时间显示格式(LC_TIME)；
- 货币单位(LC_MONETARY)；
- 信息主要是提示信息、错误信息、状态信息、标题、标签、按钮和菜单等(LC_MESSAG-

ES),姓名书写方式(LC_NAME);
- 地址书写方式(LC_ADDRESS);
- 电话号码书写方式(LC_TELEPHONE);
- 度量衡表达方式(LC_MEASUREMENT);
- 默认纸张尺寸大小(LC_PAPER);
- locale 对自身包含信息的概述(LC_IDENTIFICATION)。

所以说,locale 就是某一个地域内人们的语言习惯、文化传统和生活习惯。一个地区的 locale 就是根据这几大类的习惯定义的,这些 locale 定义文件放在/usr/share/i18n/locales 目录下面,例如 en_US, zh_CN 和 de_DE@euro 都是 locale 的定义文件,这些文件都是用文本格式书写的,可以用写字板打开。

对于如 de_DE@euro 这一类 locale 文件的说明,@后边是修正项,也就是说可以看到两个德国的 locale:

/usr/share/i18n/locales/de_DE@euro

/usr/share/i18n/locales/de_DE

打开这两个 locale 定义,就会知道它们的差别在于 de_DE@euro 使用的是欧洲的排序、比较和缩进习惯,而 de_DE 使用的是德国的标准习惯。

设定 locale 就是设定 12 大类的 locale 分类属性,即 12 个 LC_*。除了这 12 个变量可以设定以外,为了简便起见,还有两个变量:LC_ALL 和 LANG。它们之间有一个优先级的关系:LC_ALL>LC_*>LANG。可以说,LC_ALL 是最上级设定或者强制设定,而 LANG 是默认设定值。

如果设定了 LC_ALL=zh_CN.UTF-8,那么不管 LC_* 和 LANG 设定成什么值,它们都会被强制服从 LC_ALL 的设定,成为 zh_CN.UTF-8。

假如设定了 LANG=zh_CN.UTF-8,而其他的 LC_*=en_US.UTF-8,并且没有设定 LC_ALL,那么系统的 locale 设定为 LC_*=en_US.UTF-8。

假如设定了 LANG=zh_CN.UTF-8,而 LC_* 和 LC_ALL 均未设定,系统会将 LC_* 设定成默认值,也就是 LANG 的值 zh_CN.UTF-8。

假如设定了 LANG=zh_CN.UTF-8,LC_CTYPE=en_US.UTF-8,而其他的 LC_* 和 LC_ALL 均未设定,那么系统的 locale 设定将是:LC_CTYPE=en_US.UTF-8,其余的 LC_COLLATE,LC_MESSAGES 等均会采用默认值,也就是 LANG 的值,LC_COLLATE=LC_MESSAGES=……=LC_PAPER=LANG=zh_CN.UTF-8。

所以,如果需要一个纯中文系统,设定 LC_ALL=zh_CN.XXXX,或者 LANG=zh_CN.XXXX 都可以,当然也可以两个都设定,但正如上面所讲,LC_ALL 的值将覆盖所有其他的 locale 设定。

如果只想要一个可以输入中文的环境,而保持菜单、标题,系统信息等为英文界面,那么只需要设定 LC_CTYPE=zh_CN.XXXX,LANG = en_US.XXXX 就可以了。

3. 如何设置 Linux 系统缺省的 locale

可以用 /usr/bin/locale 命令看当前的系统 locale。如果要完全从一个 locale 改变到另外一个,只要改变 LANG 和 LC_ALL 这两个变量,可以在~/.bash_profile 或~/.i18n 中设置。如果想在进入 X window 后改变 locale,可以在~/.xinitrc 中设置,如:在 Console 下为英文,进入 X window 后用中文,可以在~/.xinitrc 中写入如下内容:

```
export LANG=zh_CN.GB18030
export LC_ALL=zh_CN.GB18030
```

或者在命令行下直接输入以上命令也是可以的。

zh_CN.GB18030 或 zh_CN.GB2312 到底是在说什么?

Locale 是软件在运行时的语言环境,它包括语言(Language)、地域(Territory)和字符集(Codeset)。一个 locale 的书写格式为:语言[_地域[.字符集]]。所以说,locale 总是和一定的字符集相联系的。下面举几个例子:

① 我说中文,身处中华人民共和国,使用国标 2312 字符集来表达字符。zh_CN.GB2312=中文_中华人民共和国+国标 2312 字符集。

② 我说中文,身处中华人民共和国,使用国标 18030 字符集来表达字符。zh_CN.GB18030=中文_中华人民共和国+国标 18030 字符集。

③ 我说中文,身处中华人民共和国台湾省,使用国标 Big5 字符集来表达字符。zh_TW.BIG5=中文_台湾.大五码字符集。

④ 我说英文,身处大不列颠,使用 ISO-8859-1 字符集来表达字符。en_GB.ISO-8859-1=英文_大不列颠.ISO-8859-1 字符集。

⑤ 我说德语,身处德国,使用 UTF-8 字符集,习惯了欧洲风格。de_DE.UTF-8@euro=德语_德国.UTF-8 字符集@按照欧洲习惯加以修正。

注意:不是 de_DE@euro.UTF-8,所以完全的 locale 表达方式是 [语言[_地域][.字符集][@修正值]。

4. 关于字符集

关于字符集在后面会有详细的叙述,这里先做一个简短的说明:

字符集就是字符、尤其是非英语字符在系统内的编码方式,也就是通常所说的内码,所有的字符集都放在 /usr/share/i18n/charmaps,所有的字符集也都是用 Unicode 编号索引的。Unicode 用统一的编号来索引目前已知的全部符号。而字符集则是这些符号的编码方式,或者说是在网络传输、计算机内部通信的时候,对于不同字符的表达方式。Unicode 是一个静态的概念,字符集是一个动态的概念,是每一个字符传递或传输的具体形式。就像 Unicode 编号 U5198 是代表军队的"军"字,但是具体的这个字是用两个字节表示,三个字节,还是四个字节表示，是字符集的问题。例如：UTF-8字符集就是目前流行的对字符的编码方式，UTF-8用一个字节表示常用的拉丁字母，用两个字节表示常用的符号，包括常用的中文字符，用三个表示不常用的字符，用四个字节表示其他的生僻字符。而 GB 2312 字符集就是用两个字节表示所有的字符。

5. 如何在控制台中显示中文

还有一个问题也许也是经常遇到的，那就是如何在控制台中显示中文。

一般使用 zhcon 或 unicon，它们的区别如下：

unicon 是内核态的中文平台，是基于修改 Linux FrameBuffer 和 Virtual Console(fbcon) 实现的。由于其是在系统底层实现的，所以兼容性极好，直接支持 gpm 鼠标。

zhcon 是用户态的中文平台，有点像 UCDOS 那类。图形模式可以通过 FrameBuffer，GGI，VGA16 等方法实现，采用伪终端方式，zhcon 是国内非常优秀的开源软件。对于大多数软件和硬件兼容性都很好，而且应用也非常灵活，可以随时启动，随时退出，可以只在特定的 tty 上运行，界面也很漂亮。

读者应该知道 locale 和字体的区别吧，设定了 locale，但是并不意味着安装了字体，当将变量 LC_ALL 设置为中文时，如果在 Windows 下通过 shell 登录到 Linux，则在 Windows 下的字符终端中，看到了中文；但是当在这台机器本地操作时，屏幕上看到的很可能是乱码。这是因为将 locale 设定为中文时，系统只是将系统中的内码在呈现到终端之前转换为中文编码而已，但是终端能不能解释中文编码就要看有没有相应的字体了。那么，为什么没有安装中文字体的机器，在远程登录的终端中却可以看到中文呢，答案是 Windows 截取了中文编码并在本地进行了解释。

1.9 一个嵌入式 LinuxGUI 系统开发的实例

自 2002 年以来，作者所从事的工作都与嵌入式 Linux 密切相关，包括刚开始所从事的基于 Linux 智能手机的研发工作，到后来所从事的手持多媒体娱乐与导航系统、MP4 等产品的研发工作。这些系统都需要一个 GUI 系统的支持，而且，作为嵌入式环境中的运行与开发支持平台，要求 GUI 必须是轻量级的、高效的、稳定的，并且是可移植、可定制的、支持二次开发的 GUI 系统。

正是从那时开始，作者对嵌入式 Linux 的 GUI 产生了浓厚的兴趣，并开始阅读有关材料和代码，浏览有关网站与论坛，从中寻找开发 GUI 的思路和一些关键问题的解决方法。

当时作者所接触到的面向嵌入式 Linux 的 GUI 系统，主要有挪威 TrollTech 公司提供的 Qt/Embedded（准确讲 Qt/Embedded 是一个 C++类库，除此之外，TrollTech 提供的产品包括基于 Qt/Embedded 的 GUI 环境 Qtopia 及开发包）、MicroWindows、MiniGUI 以及业界并不知名由南京移软公司开发的 mGUI。

第1章 概 论

从技术层面来说,这些产品各有优缺点,也各有不同的适用环境。这也与其面向的应用领域有密切关系。如果说开发一个新的系统能够摈弃这些产品的所有缺点而吸收这些产品的所有优点,那是不现实的。但是在了解现有系统一些实现方法的基础上,针对轻量级、多进程、多窗口的嵌入式 LinuxGUI 系统的现实需求,开发一个新的系统,至少为实现这类系统提供了一个新的思路,为这一类产品提供了一个新的选择。

此后,作者一直利用所有可以利用的时间来设计和完善这个 GUI 系统,主要是系统的窗口管理、消息管理、进程管理。2004 年,这个系统已经可以稳定地在 PC 及一些移植的平台上(如 Intel Xscale PXA255)运行起来。基本上实现了多进程、多窗口的功能。作者将这个系统命名为 LGUI。L 是 Light 轻量级的意思。

此后,有一些同伴加入到开发队伍中,为 LGUI 移植了部分控件;也有的为 LGUI 改写了部分 GDI 函数。目前,文本方面可支持多种点阵字体;而二维图形方面的功能支持也较为全面,包括点、线、矩形、圆、椭圆、多边形的绘制、多边形的剪切、多边形的填充等;还有的为 LGUI 增加了图形文件的支持,主要是 JPEG 文件的支持;另外包括拼音输入法的移植等。

2004 后半年,开始将 LGUI 投入商用。主要应用于车载多媒体娱乐与导航系统,手持多媒体娱乐与导航系统,家庭多媒体娱乐中心,MP4 等系统方案中,系统的运行是稳定和高效的。

另外,鉴于 GUI 在应用系统中所处的特殊地位,为使 LGUI 得到更多应用,在 2005 年已将 LGUI 在 GPL 的条款下公开源码。

1.9.1 开发 GUI 系统主要考虑的问题

1. 多进程还是单进程

如果嵌入式 Linux 的 GUI 系统和 GUI 支持的应用都在一个进程中运行,系统实现会简单很多,因为在这种情况下不必考虑进程间的通信问题、进程间的同步问题以及复杂的进程间窗口的剪切、输出等管理,GUI 系统在实现过程中面临的一些难题都将迎刃而解,系统的复杂性将大为降低。这种实现的好处是系统比较简单,效率高,但缺点也是明显的:首先系统的任何一个二次开发的应用系统与系统中负责协调调度的桌面系统都在一个进程中运行,任何一个程序的错误都将导致系统崩溃;其次是二次开发的问题,应用系统与桌面系统在一个进程中运行,必然使得二次开发者要对系统的机制有充分了解,这对二次开发人员提出了很高的要求。

使用多个进程,即负责其他进程启动终止、进程间消息传递、进程间协调机制的桌面或者叫做服务器系统单独在一个进程空间中运行,而其他应用系统也单独在自己的进程空间中运行,这种组织方式在一定程度上会增加系统的开销,同时增加 GUI 系统开发的复杂度,但好处就是方便了二次开发。二次开发者不用了解桌面进程是如何工作的,只需按照 API 文档的要求编写应用程序,而不用考虑与其他应用程序之间以及与桌面之间的通信问题与同步问题。而且,在 GUI 系统的开发过程中,采用一定的技巧,可使得进程之间消息的传递与处理所消耗的系统资源在合理的范围之内。

另外，GUI 位于操作系统与应用程序之间，GUI 隐藏了操作系统的一些细节并向上层应用程序提供更为简捷的应用开发接口，从而使得基于 GUI 的应用开发变得更加方便，从这个角度讲，GUI 系统并不是一个单纯的应用程序，而是一个中间件。所以，一个好的嵌入式 GUI 系统应该使二次开发更为方便。

多进程的 GUI 系统首先要解决的问题是如何有效地、尽可能少地在进程间传递数据。由于不同的进程具有不同的地址空间，而且相互之间不可访问，这就使得其机制与同一个进程内部线程之间传递数据截然不同。由于 GUI 系统在进行窗口的剪切、覆盖、重绘等处理时会有大量的数据要在不同的窗口拥有者之间传递，基于进程的 GUI 系统就必须考虑进程之间数据的传递带来的效率问题。

2. 进程内多窗口还是进程内单一窗口

有些轻量级的 GUI 系统，其占用的系统资源很小，但本身功能也是有限的。例如，一个应用程序只能拥有一个窗口。在这种情况下，系统在设计时相对也会简单得多，设计者不必考虑父子窗口之间以及子窗口之间的相互关系。对于一些界面要求比较简单的 GUI 系统，例如单一界面的工控系统等，这样的选择当然是合理的。但对于稍复杂的系统，例如：手机、PDA 等，这样的设计则不足以满足应用要求，因而其价值也是有限的。

进程内多窗口需要解决的问题是父窗口与子窗口之间、子窗口与子窗口之间、窗口与其上的控件之间剪切关系的维护，消息的传递，消息的处理等问题，还有窗口的激活问题，控件的焦点问题等。

3. FrameBuffer 还是第三方图形库

首先，选择 GUI 系统基于的底层支持环境，这是开发系统之前需要考虑的主要问题。如上文如述，FrameBuffer 作为显示设备的一个抽象，由于接口简单、易于使用，目前正得到越来越广泛的应用，特别是在嵌入式 Linux 系统之中。而且 FrameBuffer 已经在 2.2.xx 及后续的 Linux 内核版本中得到支持，所以，使用 FrameBuffer 作为底层基本的图形环境，是比较明智的选择；另外，FrameBuffer 作为抽象的显示设备，屏蔽了显示设备之间的差异，这使得 GUI 系统的移植变得更加容易。

但是，选择 FrameBuffer 作为基本的图形环境也有一些问题，那就是基本的图形引擎需要重新进行开发。

4. 实时性问题

Linux 本身并不是任务可抢占的实时性操作系统，但现在有一些公司通过改造 Linux，使之变成一种 RTOS，一般采取的策略是重新编写任务调度程度，将 Linux 作为实时系统的一个任务来调度。这种处理方式大大提高了 OS 响应实时任务的速度，一般情况下可以满足一些应用系统对于实时性的要求。

第1章 概 论

GUI 系统作为操作系统上运行的一个应用级系统，由于其所处的特殊位置，对系统的实时性具有很大的影响。如何有效地组织 GUI 系统的消息传递机制，对于 GUI 系统的实时性有决定性的影响，从而对整个系统的实时性具有不可低估的影响。

1.9.2 后续讲解的实例

这本书的书名叫《精通嵌入式 Linux 编程——构建自己的 GUI 环境》，一方面是想通过一个开发实例来说明 Linux 编程中一些比较复杂的内容，如进程通信、线程同步等；另一方面，鉴于前面所述一个小型的 GUI 系统在嵌入式 Linux 系统中的特殊地位，作者希望通过一个实例，告诉读者如例构建一个好用、够用的 GUI 环境，为一些有较简单用户界面需求的嵌入式 Linux 应用项目提供帮助。还有，本书中所讲到的 GUI 系统的一些基本实现，并不仅仅适用于 Linux 系统，因为本书提供的这个实例，可以在任何一个系统上实现类似的系统，例如在 Threadx、Nucleus 或其他一些特殊的 RTOS 上面。

另外，以 LGUI 作为后续章节的讲解的实例，并不是说 LGUI 有多么好，事实上正好相反，LGUI 有很多缺点，代码没有经过充分的优化，结构方面也不是很清晰。但 LGUI 对多进程、多线程方面的支持以及消息队列、窗口剪切域等方面的实现都比较简单明了，对于讲解如何实现一个简单的 GUI 系统来说正好够用。通过这样一个可以稳定运行的实现代码，读者在阅读本书时便可以有所参考，从而对于一个嵌入式的 GUI 系统有更深入的了解，更有助于读者尽快实现自己的系统。

完成一个支持二次开发的多进程、多窗口，面向嵌入式 Linux 的 GUI 系统，工作量是很大的。另外，在窗口系统理论已非常成熟的今天，要独创一个完全新颖的窗口实现思路，也是不太可能的，如果说作者的工作有所创新的话，主要是指在系统资源受限的情况下，为以客户/服务器为基本实现模式的多窗口、多进程的嵌入式 LinuxGUI 系统提供了一个实现思路。

这里需要说明的是，在 LGUI 中，消息管理包括消息队列与消息循环的思想来源于 Windows，剪切域等内容的实现参考了其他开源项目。

其中，进程之间窗口剪切域管理的思想，主要指应用主窗口初始剪切域的计算与传递，这是 LGUI 的独特之处。这个思想的初衷是服务器进程只维护每个应用进程主窗体的列表，即只有应用进程主窗体的创建过程需要通知桌面进程，其他窗体的创建、销毁、显示、隐藏则不必通知桌面进程，而前提是一个应用进程中所有子窗体、对话框的边界均不得超出主窗体的显示范围（实际上子窗体、对话框、控件在显示时会被主窗体的边界剪切）。在这种情况下，每个应用进程独自维护自己所有窗体的剪切域，所以任何一个应用进程在对屏幕进行输出时不需要了解其他进程的信息，只有在当前活动的进程发生了切换，或当前活动进程的主窗体的位置或显示/隐藏的状态发生改变时，桌面进程在得到请求后才将所有进程的主窗口的初始剪切域重新计算并通过 IPC 发送到各个进程。这种方式在一定程度上减少了进程之间的交互，而且进程在屏幕输出时只考虑自身的剪切域状态，所以提高了显示了速度。

第 2 章

Linux 基本编程知识

因为本书主要针对嵌入式 LinuxGUI 这个方向,所以不在 Linux 基础编程方面展开讨论,这方面的书籍目前很多,读者可以参考相关书籍。但为了读者在阅读本书时能够参考示例代码并能够编译执行,这里把 Linux 开发环境与基本的 C、C++编译知识作一说明。

2.1 编译器的使用

Linux 下常用的 C 与 C++编译器是 gcc,gcc 就是 GNU C Compiler。GNU 的本意代表 Gnu's Not Unix,虽然如此,它却是一个与 Unix 完全相容的软件系统。二者最大不同在于,GNU 是一个 free 的软件体系,Unix 却是一个要付费的软体系统。GNU 之所以与 Unix 完全相容,是因为 Unix 的使用者很多,为了让 Unix 的使用者在使用 GNU 的时候不会有疏离的感觉,所以 GNU 尽量与 Unix 相容,它的相容只是看起来与用起来像 Unix 而已,GNU 其实改进了很多 Unix 的缺点,使它能尽善尽美。而 gcc 正是 GNU 软件体系中的一部分,所以 gcc 也是完全 free 的软件。

众所周知,一个编译器的实现是要针对某一个操作系统平台与硬件平台的,所以 gcc 不仅有人们通常使用的 PC(x86 体系结构)版本,并且 gcc 也被移植用于各种嵌入式平台作为交叉编译器使用,这些平台主要有 ARM、MIPS、POWERPC 等,尤其以 ARM 核心居多。人们所熟知的由 Intel 开发的 Xscale 255/270 嵌入式芯片,由 FreeScale 开发的 i.MX 系列,由 Samsung 开发的 SC2440 等,都是基于 ARM 核心,这些芯片具有比较大的市场占有率;MIPS 核心的芯片主要有由龙芯开发的龙芯系统,由 AMD 开发的 AU1X00 系列等;POWERPC 核心的芯片传统上用于通信领域,但近年来也向其他嵌入式领域发展,尤其由 FreeScale 开发的高端系列,拥有高主频、低功耗的特点,同时还有在嵌入式芯片中很少有的浮点运算单元,所以在一些对于计算效率要求比较高的领域得到较广泛应用。

那么对于芯片开发厂商而言,如果要支持 Linux 操作系统,则需要依靠第三方合作厂商或者自身力量来完成 Linux kernel 的移植工作,而且需要提供相应的编译器。移植 gcc 是通常的解决方法。

一个多文件的工程编译过程如下:

第 2 章 Linux 基本编程知识

```
//main.c
void printmessage();
int main()
{
    printmessage();
    return 0;
}

//printmsg.c
#include "stdio.h"
void printmessage()
{
    printf("hello lgui\n");
}
```

分别用下面语句编译后运行：

```
gcc -c main.c
gcc -c printmsg.c
gcc -o main main.o printmsg.o
```

gcc -c main.c 编译 main.c 生成 main.o 文件；

gcc -c printmsg.c 编译 printmsg.c 生成 printmsg.o；

gcc -o main main.o printmsg.o 链接 main.o printmsg.o 生成执行文件 main。

在命令行中输入./main 就会看到程序执行并输出 hello lgui。

gcc 经常用到的选项如下：

-c 只预处理、编译和汇编源程序，不进行链接。编译器对每一个源程序产生一个目标文件。

-o file 确定输出文件为 file。如果没有用-o 选项，缺省的可执行文件的输出是 a.out。

gcc 的编译选项如下：

-Dmacro 或-Dmacro=defn 其作用类似于源程序里的#define。例如：

```
% gcc -c -DSWITCH_ON -DINPUT_FILE=\"input.txt\" main.c
```

其中第一个-D 选项定义宏 SWITCH_ON，在程序中可以用#ifdef 去检查它是否被设置。第二个-D 选项将宏 INPUT_FILE 定义为字符串 input.txt。

例如：

```
//main.c
#include "stdio.h"
int main()
```

```
{
#ifdef SWITCHON
        printf("switch on\n");
#else
        printf("switch off\n");
#endif
        return 0;
}
```

分别用下面的命令行编译后运行：

gcc -o main main.c

./main 运行的结果是输出 switch off。

gcc -o main -DSWITCHON main.c

./main 运行的结果是输出 switch on。-Idir 将 dir 目录加到搜寻头文件的目录列表中去，并优先于在 gcc 缺省的搜索目录。在有多个-I 选项的情况下，按命令行上-I 选项的前后顺序搜索。dir 可使用相对路径，如-I../dir 等。

-O 对程序编译进行优化，编译程序试图减少被编译程序的长度和执行时间。

-O2 比-O 具有更好的优化，编译速度较慢，但结果程序的执行速度较快。

-g 生成符号表。-g 选项使程序可以用 GNU 的调试程序 GDB 进行调试。优化和调试通常不兼容，同时使用-g 和-O(-O2)选项，经常会使程序产生奇怪的运行结果。所以不要同时使用-g 和-O(-O2)选项。

-fpic 或-fPIC，PIC 的意思是 Position-Independent Code，即位置无关代码，用于生成动态函数库。

gcc 链接选项如下：

-Ldir 将 dir 目录加到搜寻-L 选项指定的函数库文件的目录列表中去，并优先于 gcc 缺省的搜索目录。在有多个-L 选项的情况下，按命令行上 -L 选项的前后顺序搜索。dir 可使用相对路径，如-L../lib 等。

-lname 在链接时使用函数库 libname.a，链接程序在-Ldir 选项指定的目录下和/lib，/usr/lib 目录下寻找该库文件。在没有使用-static 选项时，如果发现共享函数库 libname.so，则使用 libname.so 进行动态链接。

-static 禁止与共享函数库链接。

-shared 尽量与共享函数库链接。这是 Linux 链接程序的缺省选项。

2.2 函数库的使用

静态库举例：

由前面例子中的 printmsg.o 生成静态库文件。

ar -r libprintmsg.a printmsg.o

ar 命令可以用来创建、修改库,也可以从库中提出单个模块。库是一个单独的文件,里面包含了按照特定的结构组织起来的其他文件(称做此库文件的 member)。原始文件的内容、模式、时间戳、属主、组等属性都保留在库文件中。

上面的命令用于将 printmsg.o 加入到 libprintmsg.a 库中。

链接静态库:

gcc -o main main.o -L. -lprintmsg

其中-L. 表示从当前目录下寻找链接的库文件。-lprintmsg 表示链接库文件 libprintmsg.a。

所以所有的库文件都必须以 lib 开头。

生成动态库:

编译.c 文件。

gcc -c -fPIC libprintmsg.c

生成动态库文件。

gcc -shared -o libprintmsg.so printmsg.o

生成执行文件。

gcc -o main main.o -L. -lprintmsg

如果这时执行./main,则系统可能会提示

error while loading shared libraries: libprintmsg.so: cannot open shared object file: No such file or directory

这是因为程序运行需要加载动态库时,无法找到动态库。

当系统默认加载路径/usr/lib 或/lib,可以将生成的 libprintmsg.so 复制到这两个目录下的任意一个下面。

cp libprintmsg.so /usr/lib

但还有另外一个办法,通过设置环境变量 LD_LIBRARY_PATH,即

export LD_LIBRARY_PATH=.:$LD_LIBRARY_PATH

注意:在等号右边的第一个字符是一个".",表示当前路径,即加载动态库时从当前路径寻找动态库文件。

2.3 Makefile

如果有 Makefile 文件存在,则 shell 命令 make 会为多文件编译带来极大的方便。make

命令根据 Makefile 中定义的命令与依赖关系编译程序,生成目标文件。

如果 make 没有通过-f 选项指定特定的 makefile 文件,则 make 在当前路径下顺序寻找 GNUmakefile、Makefile、makefile 这三个文件。

Makefile 文件包含一组目标以及为生成这些目标需要运行的程序。下面还以 main.c printmsg.c 程序的编译链接举例说明 Makefile。

```
#Makefile 文件内容
main: main.o printmsg.o
        gcc - o main main.o printmsg.o
main.o: main.c
        gcc - c main.c
printmsg.o:printmsg.c
        gcc - c printmsg.c
clean:
        rm - rf *.o
        rm - rf main
```

这个 Makefile 文件定义了四个目标,main、main.o、printmsg.o 和 clean。每个目标都写在 Makefile 的最左边,目标后面跟一个":"号。如果这个目标依赖于其他目标,则把其他目标写在":"号后面,然后在下一行写生成这个目标需要执行的命令。命令之前必须加一个"tab"。

从上面这个 Makefile 可以看出,并不是所有目标都有依赖性,如目标 clean,这一项的后面没有跟着依赖文件。而实现这一目标需要执行的命令就是:

```
rm - rf *.o
rm - rf main
```

即清除所有的.o 文件以及 main 文件。

调用 Makefile:

通过如下命令调用 Makefile。

make "目标"

例如: make clean 或 make printmsg.o。

如果在 make 之后不输入确定的目标,则默认生成第一个目标,对于设计的这个 Makefile,就是目标 main。

make 程序有一个特点,那就是它会为执行的每一个命令启动一个新的 shell,所以,shell 执行的命令只在单一命令行有效。在 lgui 的最上层的 Makefile 文件中,有如下内容:

```
all:
    cd bmp;make
```

```
cd control;make
cd lguicore;make
cd gdi;make
cd hdc;make
cd ial;make
cd ime;make
```

因为 lgui 分成了多个模块,每个模块下都有一个 Makefile 文件,所以通过 cd 命令转到某一目录下执行 make 命令,即 cd 命令加";"号,然后紧接着 make 命令。

2.4 GDB

1. 进入 GDB 并读入可执行程序

gdb PROGRAM

2. 指定程序代码所在目录

增加目录 DIR 到搜寻程序代码的目录列表(假如程序代码和可执行程序放在同一个目录下,就不需指定程序代码所在的目录)。

(gdb) Directory DIR

3. 显示程序代码

(gdb) list =>显示目前执行程序代码前后各 5 行的程序代码;或是显示从上次 list 之后的程序代码。

(gdb) list function =>显示该函数开始处前后 5 行的程序代码。

(gdb) list - =>上次显示程序代码的前面的 10 行。

4. 断点的设定与清除

设定断点(指令为 break,可简写为 b)。

(gdb) break filename.c:30 =>在 filename.c 的第 30 行处停止执行。

(gdb) break function =>在进入 function 时中断程序的执行。

(gdb) break filename.c:function =>在程序代码 filename.c 中的函数 function 处设定断点。

(gdb) break =>在下一个将被执行的命令设定断点。

(gdb) break ... if cond =>只有当 cond 成立的时候才中断。cond 须以 C 语言的语法写成。

显示各个断点的信息。

(gdb) info break

清除断点(命令为 clear),格式同 break。例如：
(gdb) clear filename.c:30
清除断点,NUM 是在 info break 显示出来的断点编号。
(gdb) delete NUM

5．全速及逐步执行程序

从程序开头全速执行程序,直到碰到断点或是程序执行完毕为止。
(gdb) run
在程序被中断后,全速执行程序到下一个断点或是程序结束为止（continue 指令可简写为 c）。
(gdb) continue
执行一行程序,不跟踪进函数（next 指令可简写为 n）。
(gdb) next
执行一行程序,跟踪进函数（step 指令可简写为 s）。
(gdb) step
执行一行程序,若此时程序是在 for/while/do loop 循环的最后一行,则一直执行到循环结束后的第一行程序后停止（until 指令可简写为 u）。
(gdb) until
执行现行程序到回到上一层程序为止。
(gdb) finish

6．显示及更改变量值

print 显示变量值（print 指令可简写为 p）。如：
(gdb) print a =>显示 a 变量的内容。
(gdb) print sizeof(a) =>显示 a 变量的长度。
display 在每个断点或是每执行一步时显示该变量值。如：
(gdb) display a
更改变量值：
(gdb) print (a=10) =>将变量 a 的值设定为 10。

7．显示程序执行状态

① 程序"调用堆栈"是当前函数之前的所有已调用函数的列表(包括当前函数)。每个函数及其变量都被分配了一个"帧",最近调用的函数在 0 号帧中("底部"帧)。要打印堆栈,发出命令 bt(backtrace[回溯]的缩写)。
(gdb) backtrace
backtrace <n>

bt <n>
n 是一个正整数,表示只打印栈顶上 n 层的栈信息。
backtrace <-n>
bt <-n>
-n 是一个负整数,表示只打印栈底下 n 层的栈信息。
② 如果要查看某一层的信息,则需要切换到当前的栈。一般来说,程序停止时,最顶层的栈就是当前栈。如果要查看栈下面层的详细信息,首先要做的是切换当前栈。
frame <n>
f <n>
n 是一个从 0 开始的整数,是栈中的层编号。比如:frame 0,表示栈顶;frame 1,表示栈的第二层。
up <n>
表示向栈的上面移动 n 层,可以不打 n,表示向上移动一层。
down <n>
表示向栈的下面移动 n 层,可以不打 n,表示向下移动一层。
③ 上面的命令,都会打印出移动到的栈层的信息。如果不想让其打出信息。则可以使用下面三个命令。
select-frame <n>对应于 frame 命令。
up-silently <n>对应于 up 命令。
down-silently <n>对应于 down 命令。
④ 查看当前栈层的信息,可以用以下 GDB 命令。
frame 或 f
会打印出这些信息:栈的层编号,当前的函数名,函数参数值,函数所在文件及行号,函数执行到的语句。
info frame
info f
这个命令会打印出更为详细的当前栈层的信息,只不过,大多数都是运行时的内地址。比如:函数地址,调用函数的地址,被调用函数的地址,目前的函数是由什么样的程序语言写成的,函数参数地址及其值,局部变量的地址等。
info args
打印出当前函数的参数名及其值。
info locals
打印出当前函数中所有局部变量及其值。
info catch

打印出当前的函数中的异常处理信息。

8. 多线程调试

gdb 提供了以下供调试多线程程序的功能：

thread THREADNO，一个用来在线程之间切换的命令。

info threads，一个用来查询现存线程的命令。

gdb 的线程级调试功能允许观察程序运行中所有的线程，但无论什么时候总有一个"当前"线程。调试命令对"当前"进程起作用。

一旦 gdb 发现了程序中的一个新的线程，它会自动显示有关此线程的系统信息。比如：

[New process 35 thread 27]

为了调试的目的，gdb 自己设置线程号。

(1) info threads

显示进程中所有线程的概要信息。gdb 按顺序显示：

① 线程号(gdb 设置)。

② 目标系统的线程标识。

③ 此线程的当前堆栈。

前面打"＊"的线程表示是当前线程。

例如：

```
(gdb) info threads
3 process 35 thread 27 0x34e5 in xxxx()
2 process 35 thread 23 0x34e5 in xxxx()
* 1 process 35 thread 13 main (argc = 1, argv = 0x7fffffff8)
at test.c:68
```

(2) thread THREADNO

把线程号为 THREADNO 的线程设为当前线程。命令行参数 THREADNO 是 gdb 内定的线程号。可以用 info threads 命令来查看 gdb 内设置的线程号。gdb 显示该线程系统定义的标识号和线程对应的堆栈。比如：

```
(gdb) thread 2
[Switching to process 35 thread 23]
0x34e5 in xxxx()
```

Switching 后的内容与操作系统有关。

2.5 建立交叉编译环境

2.5.1 什么是交叉编译环境

交叉编译简单地说，就是在一个平台上生成另一个平台上的可执行代码。这里需要注意的是所谓平台，实际上包含两个概念：体系结构（architecture）和操作系统（operating system）。同一个体系结构可以运行不同的操作系统；同样，同一个操作系统也可以在不同的体系结构上运行。举例来说，x86 Linux 平台实际上是 Intel x86 体系结构和 Linux for x86 操作系统的统称；而 x86 WinNT 平台实际上是 Intel x86 体系结构和 Windows NT for x86 操作系统的简称。

一个经常会被问到的问题就是，"既然已经有了主机编译器，那为什么还要交叉编译呢？"这是因为目的平台上不允许或不能够安装所需要的编译器；有时是因为目的平台上的资源问题，无法运行所需要的编译器；有时又是因为目的平台还没有建立，连操作系统都没有，根本谈不上运行什么编译器。

2.5.2 交叉编译的基本概念

在主机平台上开发程序，并在这个平台上运行交叉编译器，编译程序；由交叉编译器生成的程序将在目的平台上运行。这里值得说明的是平台描述，像 arm-linux、i386-pc-linux2.4.3 这样的字符串人们经常会看到，其实它是用来描述平台的，它有完整格式、缩减格式和别名之分。

完整格式是：CPU-制造厂商-操作系统，如 sparc-sun-sunos 4.1.4，说明平台所使用的 CPU 是 sparc，制造厂商是 sun，其上运行的操作系统是 SunOS，版本是 4.1.4。当然，人们都不愿记这么长的东西，因此可以使用短格式。短格式中有选择地去除了制造厂商、软件版本等信息，因此同样可以用 sparc-sunos 来描述这个平台。如果觉得这个还是太麻烦，那就可以使用别名，sun4m 就可以很简单地描述这个平台。需要注意的是，并不是所有的平台都有别名，也不是所有的短格式都可以正确地描述平台。

2.5.3 建立 arm_linux 交叉编译环境

大多数情况下，开发环境的提供商会为应用开发人员提供交叉编译器，但情况并不总是这样。对于一个平台开发人员，则通过现有的资源建立交叉编译环境就变得很必要了。

交叉编译环境是一个由编译器、链接器和解释器组成的综合开发环境。交叉编译工具主要由 binutils、gcc 和 glibc 几个部分组成。有时出于减小 libc 库大小的考虑，也可以用别的 C 库来代替 glibc，例如 uClibc、dietlibc 和 newlib。

建立一个交叉编译工具链是一个相当复杂的过程,如果不想自己经历复杂的编译过程,网上有一些编译好的、可用的交叉编译工具链可以下载。

下面将以建立针对 arm 的交叉编译开发环境为例来解说整个过程,其他的体系结构与这个相类似,只要做一些相应的改动即可。例如,开发环境是:宿主机 i386 – redhat – 7.2,目标机 arm。

这个过程如下:
① 下载源文件、补丁和建立编译的目录;
② 建立内核头文件;
③ 建立二进制工具(binutils);
④ 建立初始编译器(bootstrap gcc);
⑤ 建立 C 库(glibc);
⑥ 建立全套编译器(full gcc)。

1. 下载源文件、补丁和建立编译的目录

(1) 选定软件版本号

选择软件版本号时,先看 glibc 源代码中的 INSTALL 文件。那里列举了该版本 glibc 编译时所需的 binutils 和 gcc 版本号。例如,在 glibc – 2.2.3/INSTALL 文件中推荐 gcc 用 2.95 以上版本,binutils 用 2.10.1 以上版本。

各个软件的版本是:

linux – 2.4.21＋rmk2、binutils – 2.10.1、gcc – 2.95.3、glibc – 2.2.3、glibc – linuxthreads – 2.2.3。

如果所选 glibc 的版本号低于 2.2,则还要下载一个 glibc – crypt 文件,例如,glibc – crypt – 2.1.tar.gz。Linux 内核可以从 www.kernel.org 或它的镜像下载。

binutils、gcc 和 glibc 可以从 FSF 的 FTP 站点 ftp://ftp.gun.org/gnu/或它的镜像下载。在编译 glibc 时,要用到 Linux 内核中的 include 目录的内核头文件。

gcc 的版本号,推荐用 gcc – 2.95 以上的。太老的版本编译可能会出问题。gcc – 2.95.3 是一个比较稳定的版本,也是内核开发人员推荐用的一个 gcc 版本。

如果发现无法编译过去,有可能是所选用的软件中有的加入了一些新的特性而其他所选软件不支持的原因,所以就应该通过降低该软件的版本号加以解决。

(2) 建立工作目录

首先,建立几个用来工作的目录:

$ pwd、/home/public、$ mkdir embedded。

再在项目目录 embedded 下建立三个目录 build – tools、kernel 和 tools。

build – tools 用来存放下载的 binutils、gcc 和 glibc 的源代码以及用来编译这些源代码的目录。

kernel 用来存放内核源代码和内核补丁。

tools 用来存放编译好的交叉编译工具和库文件。

```
$ cd embedded
$ mkdir build-tools kernel tools
```

执行完后,目录结构如下:

```
$ ls embedded
build-tools kernel tools
```

(3) 输出和环境变量

输出如下的环境变量,以便编译。

```
$ export PRJROOT=/home/liang/embedded
$ export TARGET=arm-linux
$ export PREFIX=$PRJROOT/tools
$ export TARGET_PREFIX=$PREFIX/$TARGET
$ export PATH=$PREFIX/bin:$PATH
```

如果不习惯用环境变量,则可以直接用绝对或相对路径。环境变量也可以定义在 .bashrc 文件中,这样当 logout 或换了控制台时,就不用老是 export 这些变量了。

网上还有一些 HOWTO 可以参考,ARM 体系结构的 *The GNU Toolchain for ARM Target HOWTO*,PowerPC 体系结构的 *Linux for PowerPC Embedded Systems HOWTO* 等,对 TARGET 的选取可能有帮助。

(4) 建立编译目录

为了把源码和编译时生成的文件分开,一般的编译工作不在的源码目录中,要另建一个目录来专门用于编译。用以下的命令来建立编译下载的 binutils、gcc 和 glibc 的源代码的目录。

```
$ cd $PRJROOT/build-tools
$ mkdir build-binutils build-boot-gcc build-gcc build-glibc gcc-patch
```

build-binutils　编译 binutils 的目录。

build-boot-gcc　编译 gcc 启动部分的目录。

build-glibc　编译 glibc 的目录。

build-gcc　编译 gcc 全部的目录。

gcc-patch　存放 gcc 补丁的目录。

gcc-2.95.3 的补丁有 gcc-2.95.3-2.patch、gcc-2.95.3-no-fixinc.patch 和 gcc-2.95.3-returntype-fix.patch,可以从 http://www.linuxfromscratch.org/ 下载到这些补丁。

再将下载的 binutils-2.10.1、gcc-2.95.3、glibc-2.2.3 和 glibc-linuxthreads-2.2.3

的源代码放入 build-tools 目录中

看一下 build-tools 目录,有以下内容:

```
$ ls
binutils-2.10.1.tar.bz2    build-gcc          gcc-patch
build-binutls              build-glibc        glibc-2.2.3.tar.gz
build-boot-gcc             gcc-2.95.3.tar.gz  glibc-linuxthreads-2.2.3.tar.gz
```

2. 建立内核头文件

把从 www.kernel.org 下载的内核源代码放入 $PRJROOT/kernel 目录,进入 kernel 目录:

```
$ cd $PRJROOT/kernel
```

解开内核源代码:

```
$ tar -xzvf linux-2.4.21.tar.gz
```

或

```
$ tar -xjvf linux-2.4.21.tar.bz2
```

小于 2.4.19 的内核版本解开会生成一个 linux 目录,没有版本号,就将其改名。

```
$ mv linux linux-2.4.x
```

给 Linux 内核打上补丁:

```
$ cd linux-2.4.21
$ patch -p1 < ../patch-2.4.21-rmk2
```

编译内核生成头文件:

```
$ make ARCH=arm CROSS_COMPILE=arm-linux- menuconfig
```

也可以用 config 和 xconfig 来代替 menuconfig,但这样用可能会没有设置某些配置文件选项和没有生成下面编译所需的头文件。推荐大家用 make menuconfig,这也是内核开发人员用得最多的配置方法。配置完退出并保存,检查一下内核目录中的 include/linux/version.h 和 include/linux/autoconf.h 文件是不是生成了,这是编译 glibc 时要用到的,version.h 和 autoconf.h 文件的存在,说明生成了正确的头文件。

另外,还要建立几个正确的链接:

```
$ cd include
$ ln -s asm-arm asm
$ cd asm
```

接下来为交叉编译环境建立内核头文件的链接：

```
$ mkdir -p $TARGET_PREFIX/include
$ ln -s $PRJROOT/kernel/linux-2.4.21/include/linux
    $TARGET_PREFIX/include/linux
$ in -s $PRJROOT/kernel/linux-2.4.21/include/asm-arm
$TARGET_PREFIX/include/asm
```

也可以把 Linux 内核头文件复制过来用：

```
$ mkdir -p $TARGET_PREFIX/include
$ cp -r $PRJROOT/kernel/linux-2.4.21/include/linux
    $TARGET_PREFIX/include
$ cp -r $PRJROOT/kernel/linux-2.4.21/include/asm-arm
$TARGET_PREFIX/include
```

3. 建立二进制工具(binutils)

binutils 是一些二进制工具的集合，其中包含了人们常用到的 as 和 ld。

首先，解压下载的 binutils 源文件。

```
$ cd $PRJROOT/build-tools
$ tar -xvjf binutils-2.10.1.tar.bz2
```

然后，进入 build-binutils 目录配置和编译 binutils。

```
$ cd build-binutils
$ ../binutils-2.10.1/configure --target=$TARGET --prefix=$PREFIX
```

——target 选项是指出生成的是 arm-linux 的工具；--prefix 是指出可执行文件安装的位置。

会出现很多 check，最后产生 Makefile 文件。

有了 Makefile 后，再来编译并安装 binutils，命令很简单。

```
$ make
$ make install
```

看一下 $PREFIX/bin 下生成的文件。

```
$ ls $PREFIX/bin
arm-linux-addr2line    arm-linux-gasp    arm-linux-objdump    arm-linux-strings
arm-linux-ar           arm-linux-ld      arm-linux-ranlib     arm-linux-strip
```

```
arm-linux-as              arm-linux-nm          arm-linux-readelf
arm-linux-c++filt         arm-linux-objcopy     arm-linux-size
```

下面解释一下上面生成的可执行文件都是用来干什么的。

add2line：将要找的地址转成文件和行号，它要使用 debug 信息。

ar：产生、修改和解开一个存档文件。

as：gnu 的汇编器。

c++filt：C++和 Java 中有一种重载函数，所用的重载函数最后会被编译转化成汇编的标号，c++filt 就是实现这种反向的转化，根据标号得到函数名。

gasp：gnu 汇编器预编译器。

ld：gnu 的连接器。

nm：列出目标文件的符号和对应的地址。

objcopy：将某种格式的目标文件转化成另外格式的目标文件。

objdump：显示目标文件的信息。

ranlib：为一个存档文件产生一个索引，并将这个索引存入存档文件中。

readelf：显示 elf 格式的目标文件的信息。

size：显示目标文件各个节的大小和目标文件的大小。

strings：打印出目标文件中可以打印的字符串，有个默认的长度，为 4。

strip：剥掉目标文件的所有的符号信息。

4. 建立初始编译器(bootstrap gcc)

首先，进入 build-tools 目录，将下载的 gcc 源代码解压。

```
$ cd $PRJROOT/build-tools
$ tar -xvzf gcc-2.95.3.tar.gz
```

然后，进入 gcc-2.95.3 目录给 gcc 打上补丁。

```
$ cd gcc-2.95.3
$ patch -p1< ../gcc-patch/gcc-2.95.3.-2.patch
$ patch -p1< ../gcc-patch/gcc-2.95.3.-no-fixinc.patch
$ patch -p1< ../gcc-patch/gcc-2.95.3.-returntype-fix.patch
echo timestamp > gcc/cstamp-h.in
```

在编译并安装 gcc 前，先要改一个文件 $PRJROOT/gcc/config/arm/t-linux，把

```
TARGET_LIBGCC2-CFLAGS = -fomit-frame-pointer -fPIC
```

这一行改为：

```
TARGET_LIBGCC2-CFLAGS = -fomit-frame-pointer -fPIC -Dinhibit_libc -D__gthr_posix_h
```

如果没定义 -Dinhibit，则编译时将会报如下的错误：

```
../../gcc-2.95.3/gcc/libgcc2.c:41: stdlib.h: No such file or directory
../../gcc-2.95.3/gcc/libgcc2.c:42: unistd.h: No such file or directory
make[3]: *** [libgcc2.a] Error 1
make[2]: *** [stmp-multilib-sub] Error 2
make[1]: *** [stmp-multilib] Error 1
make: *** [all-gcc] Error 2
```

如果没有定义 -D_gthr_posix_h，编译时会报如下的错误：

```
In file included from gthr-default.h:1,
                 from ../../gcc-2.95.3/gcc/gthr.h:98,
                 from ../../gcc-2.95.3/gcc/libgcc2.c:3034:
../../gcc-2.95.3/gcc/gthr-posix.h:37: pthread.h: No such file or directory
make[3]: *** [libgcc2.a] Error 1
make[2]: *** [stmp-multilib-sub] Error 2
make[1]: *** [stmp-multilib] Error 1
make: *** [all-gcc] Error 2
```

还有一种与 -Dinhibit 同等效果的方法，那就是在配置 configure 时多加一个参数 --with-newlib，这个选项不会迫使必须使用 newlib。编译了 bootstrap-gcc 后，仍然可以选择任何 C 库。

接着就是配置 boostrap gcc，后面要用 bootstrap gcc 来编译 glibc 库。

```
$ cd ..; cd build-boot-gcc
$ ../gcc-2.95.3/configure --target=$TARGET --prefix=$PREFIX \
> --without-headers --enable-languages=c --disable-threads
```

这条命令中的 -target、--prefix 和配置 binutils 的含义是相同的，--without-headers 就是指不需要头文件，因为是交叉编译工具，不需要本机上的头文件。-enable-languages=c 是指 boot-gcc 只支持 C 语言。--disable-threads 是去掉 thread 功能，这个功能需要 glibc 的支持。

接着编译并安装 boot-gcc

```
$ make all-gcc
$ make install-gcc
```

下面来看看 $PREFIX/bin 中多了哪些东西。

```
$ ls $PREFIX/bin
```

发现多了 arm-linux-gcc、arm-linux-unprotoize、cpp 和 gcov 几个文件。

gcc：gnu 的 C 语言编译器。
unprotoize：将 ANSI C 的源码转化为 K&R C 的形式，去掉函数原型中的参数类型。
cpp：gnu 的 C 语言预编译器。
gcov：gcc 的辅助测试工具，可以用它来分析和优程序。

使用 gcc3.2 以及 gcc3.2 以上版本时，配置 boot-gcc 不能使用 --without-headers 选项，而需要使用 glibc 的头文件。

5. 建立 c 库(glibc)

首先，解压 glibc-2.2.3.tar.gz 和 glibc-linuxthreads-2.2.3.tar.gz 源代码。

```
$ cd $PRJROOT/build-tools
$ tar -xvzf glibc-2.2.3.tar.gz
$ tar -xzvf glibc-linuxthreads-2.2.3.tar.gz --directory=glibc-2.2.3
```

然后，进入 build-glibc 目录配置 glibc。

```
$ cd build-glibc
$ CC=arm-linux-gcc ../glibc-2.2.3/configure --host=$TARGET --prefix="/usr"
  --enable-add-ons --with-headers=$TARGET_PREFIX/include
```

CC=arm-linux-gcc 是把 CC 变量设成刚编译完的 boostrap gcc，用它来编译 glibc。--enable-add-ons 是告诉 glibc 用 linuxthreads 包，在上面已经将它放入了 glibc 源码目录中，这个选项等价于--enable-add-ons=linuxthreads。--with-headers 告诉 glibc，linux 内核头文件的目录位置。

配置完后就可以编译和安装 glibc。

```
$ make
$ make install_root=$TARGET_PREFIX prefix="" install
```

然后还要修改 libc.so 文件。

将

GROUP (/lib/libc.so.6 /lib/libc_nonshared.a)

改为

GROUP (libc.so.6 libc_nonshared.a)

这样连接程序 ld 就会在 libc.so 所在的目录查找它需要的库，因为读者机器的/lib 目录可能已经装了一个相同名字的库，一个为编译可以在读者宿主机上运行的程序的库，而不是用于交叉编译的。

6. 建立全套编译器(full gcc)

在建立 boot-gcc 时，只支持了 C 语言。到这里，就要建立全套编译器，来支持 C 语言和

第 2 章 Linux 基本编程知识

C++语言。

```
$ cd $PRJROOT/build-tools/build-gcc
$ ../gcc-2.95.3/configure --target=$TARGET --prefix=$PREFIX --enable-languages=c,c++
```

——enable：languages=c,C++告诉 full gcc 支持 C 语言和 C++语言。

然后编译和安装 full gcc。

```
$ make all
$ make install
```

下面再来看看 ＄PREFIX/bin 里面多了哪些东西。

```
$ ls $PREFIX/bin
```

读者会发现多了 arm-linux-g++、arm-linux-protoize 和 arm-linux-c++几个文件。

g++：gnu 的 C++编译器。

protoize：与 unprotoize 相反，将 K&R C 的源码转化为 ANSI C 的形式，函数原型中加入参数类型。

c++：gnu 的 C++编译器。

到这里交叉编译工具就算做完了，简单验证一下交叉编译工具。

用它来编译一个很简单的程序 helloworld.c：

```
#include <stdio.h>
int main(void)
{
    printf("hello world\n");
    return 0;
}
$ arm-linux-gcc helloworld.c -o helloworld
```

将生成的 helloworld 复制到目标机器上执行，打印出 hello world 说明工具链编译正确。

2.6 Linux 下常见的图形库编程简介

读者的目标是定制一个 GUI 系统，所以这里只是简单介绍一下 Linux 平台下常用的图形库 Qt 与 GTK＋的编程规范，如果打算用 Qt 或 GTK＋建立一个 GUI 环境（包括一个类似于 Qtopia 的桌面与编程规范），那么可以更多地关注相关内容并参考相关书籍。如果仍然打算基于现在讲述的思路建立一个 GUI 环境，那么 Qt 与 GTK＋编程也可以简单地了解一下，也许会对 GUI 构建有所帮助。

2.6.1　Qt

Qt 是源码级跨平台系统，目前支持下述平台：
- MS/Windows - 95、98、NT 4.0、ME、和 2000；
- Unix/X11 - Linux、Sun Solaris、HP - UX、Compaq Tru64 UNIX、IBM AIX、SGI IRIX 和其他很多 X11 平台；
- Macintosh - Mac OS X；
- Embedded Linux -有帧缓冲(framebuffer)支持的 Linux 平台。

Qt 有如下所列的多个发行版本：

Qt 企业版和 Qt 专业版提供给商业软件开发的版本。这两个版本提供传统商业软件发行版并且提供免费升级和技术支持服务。

Qt 自由版是 Qt 为了开发自由和开放源码软件提供的 Unix/X11 版本。在 Qt 公共许可证和 GNU 通用公共许可证下，它是免费的。

Qt/嵌入式自由版是 Qt 为了开发自由软件提供的嵌入式版本。在 GNU 通用公共许可证下，它是免费的。

1. Qtopia

Qtopia Core：前身 Qt/Embedded，是基于嵌入式 Linux 的图形库系统。所有的 Qtopia 产品都在 Qtopia Core 基础上构建，而 Qtopia Core 把 Qt 的特性从桌面系统延伸到嵌入式 Linux 之上。

Qtopia Phone：Qtopia 电话版本是基于 Linux 的以电话为主导的应用程序平台与用户界面。

Qtopia PDA：Qtopia PDA 版本是基于 Linux PDA 设备的标准应用程序平台与用户界面。

2. Qt 的安装过程

解开压缩包：

```
cd /usr/local
gunzip qt - x11 - version.tar.gz        #对这个包进行解压缩
tar xf qt - x11 - version.tar           #对这个包进行解包
```

把 qt - version 重新命名为 qt(或者建立一个链接)：

```
mv qt - version qt
```

这里假设 Qt 要被安装到/usr/local/qt 路径下。

在主目录下的 .profile 文件(或者 .login 文件,取决于 shell)中设置一些环境变量。如果它们并不存在,就创建它们。

QTDIR:安装 Qt 的路径。
PATH:用来定位 moc 程序和其他 Qt 工具。
MANPATH:访问 Qt man 格式帮助文档的路径。
LD_LIBRARY_PATH:共享 Qt 库的路径。

就像下面这样做,在 .profile 文件(如果 shell 是 bash、ksh、zsh 或者 sh)中,添加下面这些行:

```
QTDIR = /usr/local/qt
PATH = $QTDIR/bin: $PATH
MANPATH = $QTDIR/man: $MANPATH
LD_LIBRARY_PATH = $QTDIR/lib: $LD_LIBRARY_PATH
export QTDIR PATH MANPATH LD_LIBRARY_PATH
```

在 .login 文件(如果 shell 是 csh 或者 tcsh 的情况下)中,添加下面这些行:

```
setenv QTDIR /usr/local/qt
setenv PATH $QTDIR/bin: $PATH
setenv MANPATH $QTDIR/man: $MANPATH
setenv LD_LIBRARY_PATH $QTDIR/lib: $LD_LIBRARY_PATH
```

做完这些之后,需要重新登录,或者在继续工作之前重新指定配置文件,这样至少 $QTDIR 被设置了。否则的话安装程序就会给出一个错误信息并且不再进行下去。

安装许可证文件。对于自由版本,则不需要许可证文件。对于专业版和企业版,就需要安装一个和发行版一致的许可证文件。

编译 Qt 库、实例程序和工具(比如 Qt 设计器),就像下面这样。

输入:

./configure

为机器配置 Qt 库。

生成库和编译所有的例程和教程:

make

在线的 HTML 文档被安装到了 /usr/local/qt/doc/html/,主页面是 /usr/local/qt/doc/html/index.html。man 帮助文档被安装到了 /usr/local/qt/doc/man/。

Qt/Windows 发行版是一个包含内置安装程序的自解压包。只要跟着安装向导进行就可以了。

3. Qt/Embedded 的安装过程

解压安装包:

```
gunzip qt-embedded-VERSION-commercial.tar.gz    # uncompress the archive
tar xf qt-embedded-VERSION-commercial.tar       # unpack it
```

用安装包的实际版本号代替"VERSION",下面假设安装在～/qt-VERSION。
编译 Qt/Embedded 库和示例:

```
cd ~/qt-VERSION
export QTDIR=~/qt-VERSION
./configure
make
```

configure 允许增加平台选项,一般情况下,所有支持 FrameBuffer 的 Linux 系统都可以使用 linux-generic-g++,configure 还允许使用交叉编译,如果要在 Linux/x86 平台上编译 Linux/MIPSEL 目标平台代码,可以使用如下命令:

```
./configure -platform linux-x86-g++ -xplatform linux-mips-g++
```

如果所使用的内核不支持 FrameBuffer,则需要重新编译内核使之支持 FrameBuffer,关于如何编译内容支持 FrameBuffer 的方法,可以参考其他有关文档。

要运行 Qt/Embedded,需要对设备节点/dev/fb0 具有写权限,同时对 mouse 设备有读权限(/dev/mouse 一般情况下是一个符号链接,实际的鼠标设备必须是可读的)。

如何运行演示程序?
登录到控制台运行命令:

```
cd ~/qt-VERSION/
./start-demo
```

4. Qtopia 安装过程

如果需要安装一个带 FramBuffer 的 Qtopia 平台,需要有以下软件:
- Qtopia 1.7.0;
- Tmake 1.11(编译 Qtopia 时要用到);
- Qt/Embedded 2.3.7(Qtopia 1.7.0 是基于该开发平台上开发的);
- Qt 2.3.2 for X11(在 X11 环境下使用其虚拟帧缓冲)。

首先,在 $HOME 目录中建立三个目录。

```
cd $HOME
mkdir Qt_src
mkdir Qt_x86
mkdir Qt_arm
```

其中,Qt_src 存放源文件,Qt_x86 存放宿主机上虚拟 Qt 环境,Qt_arm 存放目标板 Qt 环

第 2 章　Linux 基本编程知识

境。读者可以将下载的源文件全部放在 Qt_src 目录中。

解压源文件：

```
cd $HOME/Qt_x86
```

解压 Qt 2.3.2 for X11：

```
tar zxfv ../Qt_src/qt-x11-2.3.2.tar.gz
mv qt-2.3.2 qt-2.3.2-x11
```

解压 Qt/Embedded 2.3.7：

```
tar zxfv ../Qt_src/qt-embedded-2.3.7.tar.gz
mv qt-2.3.7 qt-2.3.7-emb
```

解压 Qtopia 1.7.0：

```
tar zxfv ../Qt_src/qtopia-free-1.7.0.tar.gz
```

解压 Tmake 1.11：

```
cd qt-2.3.7-emb
rm -rf tmake
tar zxfv ../../Qt_src/tmake-1.11.tar.gz
mv tmake-1.11 tmake
```

设置环境变量：

```
cd $HOME/Qt_x86
export REAL_QTDIR="$PWD/qt-2.3.2-x11"
export REAL_QTEDIR="$PWD/qt-2.3.7-emb"
export REAL_QPEDIR="$PWD/qtopia-free-1.7.0"
export PATH="$REAL_QPEDIR/bin:$REAL_QTEDIR/bin:$REAL_QTDIR/bin:$PATH"
export PATH="$REAL_QTEDIR/tmake/bin:$PATH"
export TMAKEPATH="$REAL_QTEDIR/tmake/lib/qws/linux-generic-g++"
export LD_LIBRARY_PATH="$REAL_QPEDIR/lib:$REAL_QTEDIR/lib:$REAL_QTDIR/lib:$LD_LIBRARY_PATH"
```

编译 qt-x11：

```
export QTDIR=$REAL_QTDIR
cd $REAL_QTDIR
echo yes | ./configure -no-opengl -no-xft -thread
make
make -C tools/qvfb
```

```
mv tools/qvfb/qvfb bin
cp bin/uic $REAL_QTEDIR/bin
cd ..
```

编译 qt-emb：

```
export QTDIR=$REAL_QTEDIR
export QTEDIR=$REAL_QTEDIR
export QPEDIR=$REAL_QPEDIR
cd $REAL_QTEDIR
cp $REAL_QPEDIR/src/qt/qconfig-qpe.h src/tools/
echo yes |./configure -qconfig qpe -system-jpeg -gif \
-qvfb -thread -depths 4,8,16,32
make sub-src
```

编译 qtopia：

```
export QTDIR=$REAL_QTEDIR
export QTEDIR=$REAL_QTEDIR
export QPEDIR=$REAL_QPEDIR
cd $REAL_QPEDIR/src
./configure
make
```

按照上面的步骤做完,宿主机上的 Qt 虚拟环境就搭建起来了。下面简要地说明一下如何使用虚拟帧缓冲和 Qt Designer。

在 Shell 里面执行：

```
cd REAL_QTDIR/bin
./qvfb -depth 32 -width 640 -height 480
```

就可以调出 x11 下虚拟帧缓冲的设备。其中-depth 32 参数表示颜色深度为 32 位,-width 640 -height 480 参数表示帧缓冲分辨率为 640(宽)×480(高)。这时再执行由 qt-emb 编译或者 qtopia 编译的程序,结果会显示在虚拟的帧缓冲之中,调试程序十分方便。

当虚拟帧缓冲运行起来之后,运行 Qtopia 界面。

```
cd REAL_QPEDIR/bin
./qpe
```

将会出现一个典型的 PDA 程序界面,如图 2-1 所示,用鼠标选择即可。

5. Qt 工具集简介

(1) qmake

qmake 是 Trolltech 公司提供的用来为不同的平台和编译器书写 Makefile 的工具。

第 2 章 Linux 基本编程知识

图 2-1 Qtopia PDA 运行效果

手写 Makefile 是比较困难并且容易出错的，尤其是需要给不同的平台和编译器组合写几个 Makefile。使用 qmake，开发者简单地创建一个项目文件并且运行 qmake 生成适当的 Makefile。

qmake 使用储存在项目文件(.pro)中的信息来决定 Makefile 文件中该生成什么。

一个基本的项目文件包含关于应用程序的信息，比如，编译应用程序需要哪些文件，并且使用哪些配置设置。

这里是一个简单的项目文件示例：

```
SOURCES = hello.cpp
HEADERS = hello.h
CONFIG + = qt warn_on release
```

每一行的解释如下：

① SOURCES 这一行指定了实现应用程序的源程序文件。在这个例子中，恰好只有一个文件 hello.cpp。大部分应用程序需要多个文件，这种情况下可以把文件列在一行中，以空格分隔，就像这样：

```
SOURCES = hello.cpp main.cpp
```

另一种方式,每一个文件可以被列在一个分开的行里面,通过反斜线另起一行,就像这样:

```
SOURCES = hello.cpp \
    main.cpp
```

一个更冗长的方法是单独地列出每一个文件,就像这样:

```
SOURCES + = hello.cpp
SOURCES + = main.cpp
```

这种方法中使用"＋＝"比"＝"更安全,因为它只是向已有的列表中添加新的文件,而不是替换整个列表。

② HEADERS 这一行中通常用来指定为这个应用程序创建的头文件,举例来说:

```
HEADERS + = hello.h
```

列出源文件的任何一个方法对头文件也都适用。

③ CONFIG 这一行是用来告诉 qmake 关于应用程序的配置信息。

```
CONFIG + = qt warn_on release
```

在这里使用"＋＝",是添加配置选项到任何一个已经存在的选项中。这样做比使用"＝"那样替换已经指定的所有选项更安全。

CONFIG 一行中的 qt 部分告诉 qmake 这个应用程序是使用 Qt 来编译链接的。这也就是说 qmake 在链接和为编译添加所需的包含路径的时候会考虑到 Qt 库。

CONFIG 一行中的 warn_on 部分告诉 qmake 要把编译器设置为输出警告信息。

CONFIG 一行中的 release 部分告诉 qmake 应用程序必须编译链接为一个发布的应用程序。在开发过程中,程序员也可以使用 debug 来替换 release。

项目文件就是纯文本(比如,可以使用像记事本、vim 和 xemacs 这些编辑器)并且必须存为.pro 扩展名。应用程序的执行文件的名称必须和项目文件的名称一样,但是扩展名是跟着平台而改变的。举例来说,一个叫做"hello.pro"的项目文件将会在 Windows 下生成"hello.exe",而在 Unix 下则生成"hello"。

生成 Makefile。

当创建好项目文件后,生成 Makefile 就很容易了,所要做的就是转到生成的项目文件路径然后输入如下内容:

```
qmake - o Makefile hello.pro
```

对于 Visual Studio 的用户,qmake 也可以生成.dsp 文件,例如:

```
qmake - t vcapp - o hello.dsp hello.pro
```

第2章 Linux 基本编程知识

(2) Qt Designer

Qt Designer(QD)是设计和实现用户界面的工具,如图 2-2 所示 Qt Designer 使用户界面设计变得相对简单。用户界面的代码可以自动生成,可以根据需求方便地对界面进行更改而不需要修改程序代码。

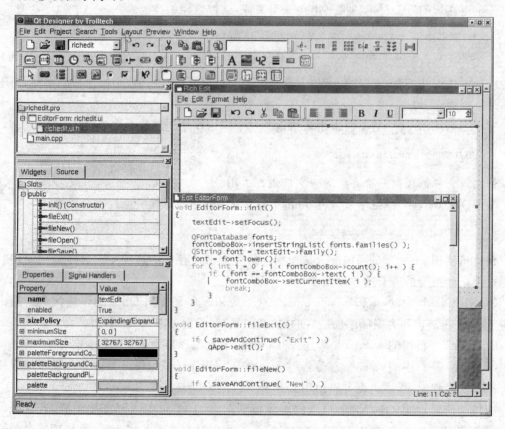

图 2-2 Qt Designer 图示

QD 是可视化的用户界面设计工具,帮助开发员构建用户界面的同时,还提供了布局工具。应用程序可以完全以代码的形式书写,也可以使用 QD 加速开发。

使用 QD 来设计窗体是一个简单的过程。开发者先单击所需代表窗体控件的工具栏按钮,再单击窗体放置该控件,然后使用属性编辑器可更改部件的属性。

对于用户界面设计而言,QD 消除了耗费时间的编译、链接与运行周期,使更改设计更为简单。QD 的预览选项使开发者可以用任何模式查看窗体,包括定制的风格。QD 通过与 Qt 数据库类的紧密集成,支持即时预览和编辑数据库的数据。

开发者可创建对话框风格以及带有菜单、工具栏与弹出式帮助的主窗口风格的应用程序。

提供多个窗体模板,开发者可创建自己的模板以确保在应用程序或应用程序家族中的一致性。QD 采用向导,使创建工具栏、菜单与数据库应用程序尽可能快捷和轻松。程序员可创建自己的自定义部件,并且可以轻松与 QD 集成。

窗体设计存储在人们可读取的用户界面编译器(UIC)文件中,并通过 UIC 转换成 C++ 头文件和代码文件。由于 qmake 构建工具在所生成的 Makefiles 中自动包含 UIC 的构建规则,因此开发员无须直接调用 UIC。另外,UIC 文件可由应用程序在运行时间进行加载,并且完全转换成功能窗体。这就允许用户在不重新编译的情况下修改应用程序的外观,并可以减少应用程序的大小。

6. Qt 编程实例

第一个程序是一个简单的 Hello World 例子。它只包含建立和运行 Qt 应用程序所需要的最少代码。

```
#include <qapplication.h>
#include <qpushbutton.h>
int main( int argc, char **argv )
{
    QApplication a( argc, argv );
    QPushButton hello( "Hello world!", 0 );
    hello.resize( 100, 30 );
    a.setMainWidget( &hello );
    hello.show();
    return a.exec();
}
```

下面分别说明:

◆ #include <qapplication.h>

这一行包含了 QApplication 类的定义。在每一个使用 Qt 的应用程序中都必须使用一个 QApplication 对象。QApplication 管理了各种各样的应用程序的广泛资源,比如默认的字体和光标。

◆ #include <qpushbutton.h>

这一行包含了 QPushButton 类的定义。

QPushButton 是一个经典的图形用户界面按钮,用户可以按下去,也可以放开。它管理自己的观感,就像其他每一个 QWidget。一个窗口部件就是一个可以处理用户输入和绘制图形的用户界面对象。程序员可以改变它的全部观感和它的许多主要的属性(比如颜色),还有这个窗口部件的内容。一个 QPushButton 可以显示一段文本或者一个 QPixmap。

第 2 章　Linux 基本编程知识

◆ int main(int argc, char * * argv)

{

main()函数是程序的入口。几乎在使用 Qt 的所有情况下,main()只需要在把控制转交给 Qt 库之前执行一些初始化,然后 Qt 库通过事件来向程序告知用户的行为。

argc 是命令行变量的数量,argv 是命令行变量的数组。这是一个 C/C++ 特征。它不是 Qt 专有的,无论如何 Qt 需要处理这些变量(请看下面)。

◆ QApplication a(argc, argv);

a 是这个程序的 QApplication。它在这里被创建并且处理这些命令行变量(比如在 X 窗口下的-display)。

注意:在任何 Qt 的窗口系统部件被使用之前创建 QApplication 对象是必须的。

◆ QPushButton hello("Hello world!", 0);

这里,在 QApplication 之后,接着的是第一个窗口系统代码:一个按钮被创建了。

这个按钮被设置成显示"Hello world!"并且它自己构成了一个窗口(因为在构建函数指定 0 为它的父窗口,在这个父窗口中按钮被定位)。

◆ hello.resize(100, 30);

这个按钮被设置成宽 100 像素、高 30 像素(加上窗口系统边框)。在这种情况下,不用考虑按钮的位置,并且接受默认值。

◆ a.setMainWidget(&hello);

这个按钮被选为这个应用程序的主窗口部件。如果用户关闭了主窗口部件,应用程序就退出了。

不用必须设置一个主窗口部件,但绝大多数程序都有一个。

◆ hello.show();

当创建一个窗口部件时,它是不可见的。必须调用 show()来使它变为可见的。

◆ return a.exec();

这里就是 main()把控制转交给 Qt,并且当应用程序退出的时候 exec()就会返回。

在 exec()中,Qt 接受并处理用户和系统的事件并且把它们传递给适当的窗口部件。

◆ }

现在可以试着编译和运行这个程序了。

编译一个 C++ 应用程序,需要创建一个 makefile。创建一个 Qt 的 makefile 的最容易的方法是使用 Qt 提供的编译链接工具 qmake。如果已经把 main.cpp 保存到它自己的目录了,则所要做的就是这些:

```
qmake -project
qmake
```

第一个命令调用 qmake 来生成一个 .pro（项目）文件。第二个命令根据这个项目文件来生成一个（系统相关的）makefile。现在可以输入 make（或者 nmake，如果使用 Visual Studio），然后运行第一个 Qt 应用程序！

当运行它的时候，就会看到一个被单一按钮充满的小窗口。

前面一个例子中创建了一个窗口，现在使这个应用程序在用户让它退出的时候退出。

```
#include <qapplication.h>
#include <qpushbutton.h>
#include <qfont.h>
int main( int argc, char **argv )
{
    QApplication a( argc, argv );
    QPushButton quit( "Quit", 0 );
    quit.resize( 75, 30 );
    quit.setFont( QFont( "Times", 18, QFont::Bold ) );
    QObject::connect( &quit, SIGNAL(clicked()), &a, SLOT(quit()) );
    a.setMainWidget( &quit );
    quit.show();
    return a.exec();
}
```

下面分别说明：

● #include <qfont.h>

因为这个程序使用了 QFont，所以它需要包含 qfont.h。Qt 的字体提取和 X 中提供的字体提取大为不同，字体的载入和使用都已经被高度优化了。

● QPushButton quit("Quit", 0);

这时，按钮显示"Quit"，确切地说这就是当用户单击这个按钮时程序所要做的。这不是一个巧合。因为这个按钮是一个顶层窗口，还是把 0 作为它的父对象。

● quit.resize(75, 30);

给这个按钮选择了另外一个大小，因为这个文本比"Hello world!"小一些。也可以使用 QFontMetrics 来设置正确的大小。

● quit.setFont(QFont("Times", 18, QFont::Bold));

这里给这个按钮选择了一个新字体，Times 字体中的 18 点加粗字体。注意在这里调用了这个字体。

也可以改变整个应用程序的默认字体（使用 QApplication::setFont()）。

● QObject::connect(&quit, SIGNAL(clicked()), &a, SLOT(quit()));

connect 是 Qt 中最重要的特征了。

注意：connect()是 QObject 中的一个静态函数。不要把这个函数和 socket 库中的 connect()搞混了。

这一行在两个 Qt 对象（直接或间接继承 QObject 对象的对象）中建立了一种单向的连接。每一个 Qt 对象都有 Signals（发送消息）和 slots（接收消息）。所有窗口部件都是 Qt 对象。它们继承 QWidget，而 QWidget 继承 QObject。

这里 quit 的 clicked()信号和 a 的 quit()槽连接起来了，所以当这个按钮被按下的时候，这个程序就退出了。

当运行这个程序的时候，会看到这个窗口比前面那个示例小一些，并且被一个更小的按钮充满。

关于 Signal 与 Slot：

信号和槽用于对象间的通信。信号和槽机制是 Qt 的一个重要特征。

在图形用户界面编程中，经常希望一个窗口部件的一个事件（或消息）被通知给另一个窗口部件。更一般地，希望任何一类的对象可以和其他对象进行通信。

有些系统中使用一种被称做回调的通信方式来支持这一功能。在后面可以看到，LGUI 的事件处理方式实际上就是通过回调来实现的。所谓回调实际上是指一个函数的指针，所以如果希望一个处理函数通知一些事件，则可以把另一个函数（回调）的指针传递给处理函数。处理函数在适当的时候调用回调。回调有两个主要缺点：首先，它们不是类型安全的，因为不能确定处理函数使用了正确的参数来调用回调；其次，回调和处理函数是高度耦合的，因为处理函数必须知道要调用哪个回调。

Qt 的 Signal Slot 示意图如图 2-3 所示。

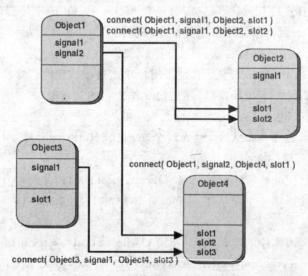

图 2-3 Qt 的 Signal Slot 示意图

信号和槽的机制是类型安全的，编译器可以帮助检测类型是否匹配。信号和槽是宽松地联系在一起的，一个发射信号的类不用知道也不用注意哪个槽要接收这个信号。Qt 的信号和槽的机制可以保证如果把一个信号和一个槽连接起来，槽会在正确的时间使用信号的参数而被调用。信号和槽可以使用任何数量、任何类型的参数。

从 QObject 类或者它的一个子类（比如 QWidget 类）继承的所有类可以包含信号和槽。当对象改变它们的状态时，信号被发送。槽可以用来接收信号，但它们是正常的成员函数。一个槽不知道它是否被任意信号连接。

可以把许多信号和所希望的单一槽相连，并且一个信号也可以和所期望的许多槽相连。把一个信号和另一个信号直接相连也是可以的。（这时，只要第一个信号被发射，第二个信号立刻就被发射。）

举例如下：

◆ 一个 C++类

```
class Foo
{
public:
    Foo();
    int value() const { return val; }
    void setValue( int );
private:
    int val;
};
```

◆ 一个 Qt 类

```
class Foo : public QObject
{
Q_OBJECT
public:
    Foo();
    int value() const { return val; }
public slots:
    void setValue( int );
signals:
    void valueChanged( int );
private:
    int val;
};
```

这个类与前一个类一样，有内部状态和公有方法，除此之外，它还支持使用信号和槽。这

第 2 章 Linux 基本编程知识

个类可以通过发射一个信号 valueChanged()，来告诉外部它的状态发生了变化，并且它有一个槽，其他对象可以发送信号给这个槽。

所有包含信号和槽的类必须在它们的声明中声明 Q_OBJECT。

◆ 产生一个信号

```
void Foo::setValue( int v )
{
    if ( v != val ) {
        val = v;
        emit valueChanged(v);
    }
}
```

emit valueChanged(v)这一行从对象中发射 valueChanged 信号。

◆ 连接槽与信号

```
Foo a, b;
connect(&a, SIGNAL(valueChanged(int)), &b, SLOT(setValue(int)));
b.setValue( 11 ); // a == undefined  b == 11
a.setValue( 79 ); // a == 79          b == 79
b.value();
```

调用 a.setValue(79)会使 a 发射一个 valueChanged()信号，b 将会在它的 setValue()槽中接收这个信号，也就是 b.setValue(79)被调用。接下来 b 会发射同样的 valueChanged()信号，但是因为没有槽被连接到 b 的 valueChanged()信号，所以没有发生任何事(信号消失了)。

注意：只有当 v != val 时，setValue()函数才会设置这个值并且发射信号。这样就避免了在循环连接的情况下(比如 b.valueChanged()和 a.setValue()连接在一起)出现无休止的循环的情况。

这个例子说明了对象之间可以在互相不知道的情况下一起工作。

(1) 信　号

当对象的内部状态发生改变时，信号就被发射，只有定义了一个信号的类和它的子类才能发射这个信号。

例如，一个列表框同时发射 highlighted()和 activated()这两个信号。绝大多数对象也许只对 activated()这个信号感兴趣，但是有时想知道列表框中的哪个条目在当前是高亮的。如果两个不同的类对同一个信号感兴趣，则可以把这个信号和这两个对象连接起来。

当一个信号被发射时，它所连接的槽会被立即执行，就像一个普通函数调用一样。信号和槽机制完全不依赖于任何一种图形用户界面的事件回路。当所有的槽都返回后，emit 也将返回。

如果几个槽被连接到一个信号,当信号被发射时,这些槽就会被按任意顺序一个接一个地执行。

(2) 槽

当一个和槽连接的信号被发射的时候,这个槽被调用。槽也是普通的C++函数并且可以像它们一样被调用;唯一的特点就是它们可以被信号连接。

因为槽就是普通成员函数,它们也和普通成员函数一样有访问权限。一个槽的访问权限决定了谁可以和它相连。

public slots:其中的槽任何信号都可以连接。这对于组件编程来说非常有用:当生成了许多对象,它们互相并不知道,把它们的信号和槽连接起来,这样信息就可以正确地传递。

protected slots:其中的槽只有这个类和它的子类的信号才能连接。这就是说这些槽只是类的实现的一部分,而不是它和外界的接口。

private slots:其中的槽只有这个类本身的信号可以连接。

信号和槽的机制是非常有效的,但是它不像"真正的"回调那样快。

(3) Moc,元对象编译器,即 Meta Object Compiler

元对象编译器读取一个C++源文件。如果它发现其中的一个或多个类的声明中含有Q_OBJECT宏,预处理程序就会改变或者移除 signals、slots 和 emit 这些关键字,这样就可以使用标准的C++编译器。并生成一个.moc文件,而.moc文件会include到.cpp源文件中。

2.6.2 GTK+

下载并安装GTK+。从 http://www.gtk.org/ 下载GTK+,并进行安装。

GTK+采用了面向对象特色的C语言开发框架,这使得使用GTK+开发GUI程序更加方便,代码也更加简捷。

(1) 一个简单的GTK+例子

```
#include <gtk/gtk.h>
/*这是一个回调函数。data参数在本示例中被忽略。后面有更多的回调函数示例。*/
void hello( GtkWidget *widget, gpointer  data )
{
    g_print ("Hello World\n");
}
gint delete_event( GtkWidget *widget,
                   GdkEvent  *event, gpointer  data )
{
    /*如果"delete_event"信号处理函数返回FALSE,GTK会发出"destroy"信号。返回TRUE,不希望关闭窗口。当想弹出"你确定要退出吗?"对话框时它很有用。*/
    g_print ("delete event occurred\n");
```

```
    /* 改 TRUE 为 FALSE 程序会关闭。*/
    return TRUE;
}

/* 另一个回调函数 */
void destroy( GtkWidget *widget, gpointer   data )
{
    gtk_main_quit ();
}
int main( int   argc, char *argv[] )
{
    /* GtkWidget 是构件的存储类型 */
    GtkWidget *window;
    GtkWidget *button;
/* 这个函数在所有的 GTK 程序都要调用。参数由命令行中解析出来并且送到该程序中 */
    gtk_init (&argc, &argv);
    /* 创建一个新窗口 */
    window = gtk_window_new (GTK_WINDOW_TOPLEVEL);
    /* 当窗口收到 "delete_event" 信号（这个信号由窗口管理器发出，通常是 "关闭" 选项或是标题栏
上的关闭按钮发出的），让它调用在前面定义的 delete_event() 函数。传给回调函数的 data 参数值是 NULL，
它会被回调函数忽略。*/
    g_signal_connect (G_OBJECT (window), "delete_event",
              G_CALLBACK (delete_event), NULL);
    /* 在这里连接 "destroy" 事件到一个信号处理函数。对这个窗口调用 gtk_widget_destroy() 函数
或在 "delete_event" 回调函数中返回 FALSE 值都会触发这个事件。*/
    g_signal_connect (G_OBJECT (window), "destroy",
              G_CALLBACK (destroy), NULL);
    /* 设置窗口边框的宽度。*/
    gtk_container_set_border_width (GTK_CONTAINER (window), 10);
    /* 创建一个标签为 "Hello World" 的新按钮。*/
    button = gtk_button_new_with_label ("Hello World");
    /* 当按钮收到 "clicked" 信号时会调用 hello() 函数,并将 NULL 传给它作为参数。hello() 函数在
前面定义了。*/
    g_signal_connect (G_OBJECT (button), "clicked",
              G_CALLBACK (hello), NULL);
    /* 当单击按钮时,会通过调用 gtk_widget_destroy(window) 来关闭窗口。"destroy" 信号会从这里
或从窗口管理器发出。*/
    g_signal_connect_swapped (G_OBJECT (button), "clicked",
                  G_CALLBACK (gtk_widget_destroy),window);
```

```
    /*把按钮放入窗口(一个gtk容器)中。*/
    gtk_container_add (GTK_CONTAINER (window), button);
    /*最后一步是显示新创建的按钮和窗口 */
    gtk_widget_show (button);
    gtk_widget_show (window);
    /*所有的GTK程序必须有一个gtk_main()函数。程序运行停在这里等待事件(如键盘事件或鼠
标事件)的发生。*/
    gtk_main ();
    return 0;
}
```

可以用如下命令执行编译:

```
gcc `pkg-config -cflags -libs gtk+2.0` hello.c -o hello
```

关于引号的问题,[`]是[~]下面的那个单引号,而非[']。

(2) 典型GTK+程序分析

1) 初始化、主循环与退出

GTK+由C语言中的标准格式的main函数开始,这在UNIX操作系统家族中是统一的。程序以函数gtk_init开始。在此函数之后就可以处理程序的各种相关部分,如控件的创建,显示,为控件的信号加回调函数,设定或修改控件的属性等。最后执行gtk_main函数,程序进入主事件循环,开始接收信号并为信号调用其相应用的回调函数。函数gtk_main_quit用来结束主事件循环,即退出GTK+程序的运行。

2) 控件的创建、显示与布局

GTK+中的控件分为容器控件和非容器控件。非容器控件主要是基础的GUI元素,如文字标签、图像、文字录入控件等,容器控件有多种,共同点是可以按一定方式来排放其他控件,GTK+以此形成了独特的GUI界面布局风格。GTK+控件的创建函数一般形式为:gtk_控件名_new(参数…)或gtk_控件名_new_with_参数名(参数…),它的返回值为GtkWidget型的指针,创建完成后就可以调用gtk_widget_show函数来显示或隐藏此控件,或用相关的函数来修改控件的属性。

3) 信号连接与回调函数

GTK+用信号和回调函数的方式来处理来自外部的事件,控件间继承有其父控件的相同信号,不同的控件也有各自不同的信号,如按钮控件有"clicked"信号,而文字标签控件则没有此信号。GTK+2.0采用宏g_signal_connect来完成信号与回调函数的连接,这是它与GTK+1.X版的一个关键不同之处,这个宏有四个参数,第一个参数是连接信号的对象,如此例中的button或window,要用G_OBJECT宏来转换一下,即将对象的类型GtkWidget转换为GObject类型,格式一般为G_OBJECT(button);第二个参数为字符串格式的信号名;第三个

参数为回调函数名,用 G_CALLBACK 宏来转换一下;第四个参数为要传给回调函数的参数的指针。如上例中为按钮的"clicked"的信号加的回调函数"on_button_clicked":

```
g_signal_connect(G_OBJECT(button),"clicked",
G_CALLBACK(on_button_clicked),(gpointer)"你好! \n世界。");
```

4)国际化问题

◆ gettext 软件包

上面程序运行的主窗口显示为英文,完全可以将其改为中文,这样单一的语言版本不适于应用的国际化,GTK+中用 gettext 软件包来实现国际化,使这一问题变得非常简单。gettext 软件包是 GNU 工程中解决国际化问题的重要工具,支持 C/C++和 JAVA 语言,它在开源界应用相当广泛,GNOME/GTK+的国际化问题都是用它来解决的,正常的情况下 GNU/Linux 系统是默认安装这一软件包的。

◆ 代码实现

首先是在源代码中加入相关的 C 语言头文件如下:

```
#include <libintl.h>        //gettext 支持
#include <locale.h>         //locale 支持
```

然后是定义宏,下面的定义形式是在 GNOME/GTK+中应用的标准格式:

```
#define PACKAGE "hello"            //软件包名
#define LOCALEDIR "./locale"       //locale 所在目录
#define _(string)     gettext(string)
#define N_(string)    string
```

在程序的主函数中加入下面相关函数:

```
bindtextdomain(PACKAGE,LOCALEDIR);   //设定国际化翻译包所在位置
textdomain(PACKAGE);                 //用来设定国际化翻译包名称,省略了.mo
```

◆ 相关的字符串修改

将代码中需要国际化——即多语言输出的字符串改写为_()宏,代码如下:

```
gtk_window_set_title(GTK_WINDOW(window),_("Hello World!"));
......
button = gtk_button_new_with_label(_("Hello World!"));
g_signal_connect(G_OBJECT(button),"clicked",
    G_CALLBACK(on_button_clicked),
    (gpointer)(_("Hello, the Free World!")));
......
```

◆ 生成相关文件与翻译

完成以上修改后,执行如下命令:

```
xgettext -k_ -o hello.po hello.c
```

它的功能是将 hello.c 中的以下划线开始括号中(如宏定义所示)的字符串加入到 hello.po 文件中。po 文件的头部可以加入软件包的名称、版本、翻译者的邮件地址等,po 文件中以 ♯ 开始的行为注释内容

以下为省略了头部的 hello.po 文件内容,msgid 后面的内容为英文,msgstr 后面的内容为翻译的中文,翻译好后保存为 UTF8 格式。

```
msgid "Hello World!"
msgstr "你好世界!"
msgid "Hello, My friend!"
msgstr "你好,我的朋友!"
```

下一步执行命令:

```
msgfmt -o hello.mo hello.po
```

将 hello.po 文件格式化为 hello.mo 文件,这样程序在运行时就能根据当前 locale 的设定来正确读取 mo 文件中的数据,从而显示关于语言的信息了。关于 mo 文件的位置,本程序设在./locale 目录下的中文目录 zh_CN 下的 LC_MESSAGES 目录下,即./locale/zh_CN/LC_MESSAGES 目录下,在 REDHAT 中默认的目录是/usr/share/locale。将此步骤生成的 mo 文件复制到相应的目录下,将 locale 设为简体中文,再运行此程序,测试结果就变为中文了,如 locale 设为英文则显示仍为英文信息。

第 3 章

Linux 高级程序设计简介

3.1 Linux IPC 介绍

在 LGUI 中，其客户/服务器的模式首先是基于 Linux 的 IPC 来实现的。IPC (Inter-Process Communication)，即进程间通信。进程是系统分配资源的最小单位，每个进程都有自己的一部分独立的系统资源，彼此是隔离的，为了能使不同的进程互相访问资源并进行协调工作，才有了进程间的通信。

Linux 下的进程通信手段基本上是从 Unix 平台进程通信手段继承而来的。而对 Unix 发展做出重大贡献的两大主力 AT&T 的贝尔实验室及 BSD（加州大学伯克利分校的伯克利软件发布中心）在进程间通信方面侧重点有所不同。前者对 Unix 早期的进程间通信手段进行了系统的改进和扩充，形成了 System V IPC，通信进程局限在单个计算机内；后者则跳过了该限制，形成了基于套接口(socket)的进程间通信机制。Linux 则把两者继承了下来。

Linux IPC 的组成如图 3-1 所示。

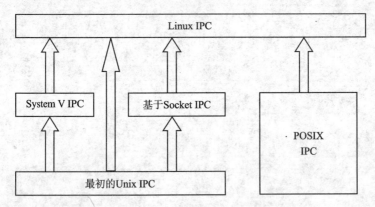

图 3-1　Linux IPC 的组成

其中，最初 Unix IPC 包括管道、FIFO、信号；System V IPC 包括 System V 消息队列、System V 信号灯、System V 共享内存区；POSIX IPC 包括 POSIX 消息队列、POSIX 信号灯、

POSIX 共享内存区。

关于 POSIX 的由来,由于 Unix 版本的多样性,国际电气和电子工程师协会(IEEE)开发了一个独立的 Unix 标准,这个新的 ANSI Unix 标准被称为计算机环境的可移植性操作系统界面(POSIX),即 Portable Operation System Interface。现有大部分 Unix 和流行版本都是遵循 POSIX 标准的,而 Linux 从一开始就遵循 POSIX 标准。在 POSIX 标准中,当然也定义了 IPC 的标准。所以,在应用程序中,使用 POSIX 标准实现进程间通信将使应用程序具有更好的移植性。而一般讲述 IPC 也多以 POSIX IPC 作为标准。

POSIX IPC 实现接口更为简单,也更为方便。比如经常用于实现消费者/生产者问题的信号量,POSIX IPC 与 SYSTEM V IPC 提供的接口就完全不同,使用 POSIX IPC 非常简单,而 SYSTEM V IPC 则比较复杂。

3.1.1 信 号

信号是为了使进程获得某项重要的通知而发送给它的重要事件,这时进程必须停止当前的工作,转而处理该信号。每一个信号都用一个整数代表信号的类型,这些信号定义在/usr/include/asm/signal.h 中。在日常使用 Linux 的过程中经常接触到信号操作,比如当某个程序正在运行时,为了终止程序的运行按下 Ctrl+C 键,或者使用 kill 命令将进程杀掉,实际上就是向进程发送了信号。

进程在接收到信号后,处理的方式有五种:一为忽略这个信号;二为执行处理该信号的函数;三为暂停进程的执行;四为重新启动刚才被暂停的进程;五(最常见的)为采用系统默认的行动,大部分信号的默认操作都是终止进程的执行。

在 LGUI 示例代码中,使用信号主要是为了结束进程,即当桌面进程退出时,桌面进程要通过 kill 函数发送 SIGTERM 信号到所有的客户进程,以结束当前正在运行的进程。在此之前,客户进程启动时,首先要注册一个 SIGTERM 信号的处理函数,当客户进程接收到这个信号后,就调用这个函数做一些退出前的工作。

1. LGUI 中信号的捕获

LGUI 中主要处理的信号为 SIGTERM 和 SIGALRM。前者用于桌面进程在退出时向各个客户进程发送结束进程信号,后者用于实现计时器。

2. SIGTERM 信号的使用

有关 SIGTERM 示例代码如下:

```
BOOL GUIAPI InitGUIClient()
{
    ……
    RegSignalCallBack();
```

```
    //initial timer function
    RegisterTimerRoutine();
    ……
    return true;
}

void RegSignalCallBack()
{
//注册信号处理的回调函数
    signal(SIGTERM,SigTermRoutine);
}

void SigTermRoutine()
{
    _lGUI_bByServer = true;
    DestroyWindow(_lGUI_pWindowsTree);
}
```

3. 桌面进程发送信号到客户进程

```
void DestroyDesktop(HWND hWnd)
{
    ……
    while(_lGUI_pAppStat){
        SendSigTerm((pid_t)(_lGUI_pAppStat->pAppName));
        ……
        pStat = _lGUI_pAppStat->pNext;
    }
    ……
}

void SendSigTerm(pid_t pid)
{
    kill(pid,SIGTERM);
}
```

桌面进程在退出时，会通过 kill 函数发送 SIGTERM 信号到各个客户进程，客户进程在启动时因为已经注册了信号的处理函数，所以客户进程会调用注册的信号处理函数做一些退出前的清理工作。

4. SIGALRM 信号的使用

使用 SIGALRM 信号主要是为了实现定时器。在 LGUI 实现时，不论是客户进程还是桌面进程，初始化时都会先注册一个 SIGALRM 信号处理函数。客户程序或桌面程序通过调用 GUI 的 API 函数 SetTimer 增加第一个定时器，SetTimer 通过调用系统函数启动定时器。当定时器 TimerOut 时，进程就会收到一个 SIGALRM 信号，在注册的信号处理函数中，管理着一个当前进程中所有窗口或控件注册的定时器的链表，每次 TimerOut 都会对这个链表中的所有计时值进行刷新，当链表中某一个节点对应的计时器达到预定的某一时间值时，GUI 就会向对应的窗口或控件发送 TimerOut 消息。

有关 SIGALRM 的示例代码如下：

注册 SIGALRM 信号处理函数，实现信号处理函数。

```c
void RegisterTimerRoutine()
{
    signal(SIGALRM,TimerRoutine);
    ……
}

void TimerRoutine()
{
    PTimerLink pLink;
    PWindowsTree pWin;
    int iWinType;
    pLink = _lGUI_pTimerHead;
    while(pLink){
        if(! pLink->iCurValue){
            iWinType = GetWinType(pLink->hWnd);
            if(iWinType == WS_CONTROL)
                pWin = ((PWindowsTree)(pLink->hWnd))->pParent;
            else
                pWin = (PWindowsTree)(pLink->hWnd);
            //send message to message queue
            PostTimerMessage((HWND)pWin,pLink->hWnd,pLink->id);
            pLink->iCurValue = pLink->iInterval;
        }
        else{
            pLink->iCurValue --;
        }
        pLink = pLink->pNext;
```

        }
    }

5. SIGCHLD(或者 SIGCLD)信号

SIGCHLD 信号是子进程将要退出时发送到主进程的信号。要说明子进程如何发送 SIGCHLD 信号到主进程，先举例说明主进程如何创建子进程。下面这个例子是一个非常"经典"的例子，很多相关的书籍中都会引用这段代码。

主进程创建子进程：

```c
#include <sys/types.h>
#include <sys/wait.h>
int main(int argc, char **argv)
{
pid_t child_pid;
int status;
//建立新进程
child_pid = fork();
//根据返回值判断是否成功,如果成功判断是子进程还是父进程
switch (child_pid) {
case -1: //失败
perror("fork");
exit(1);
case 0: //子进程
printf("child process\n");
exit(0);
default: //成功,父进程内
//等待子进程退出
printf("parent process\n");
wait(&status);
    }
}
```

fork 函数与普通函数的不同在于它返回两次，在父进程中，函数的返回值是子进程的进程 ID 号；而在子进程中，返回值是零。如果创建进程失败，则返回 -1。当新进程创建成功后，父进程与子进程都在 fork 之后继续执行。

使用 fork 函数会在当前进程的进程空间内创建一个新的进程，原有进程的所有内存页面在调用 fork 函数以后分为两份，同时子进程继承了父进程所有的文件描述符，当其中一个进程在文件读/写时移动指针，则另外一个进程的文件指针也随之移动。但当一个进程关闭一个文件描述符时，另一个进程对于该文件描述符仍处于打开状态。需要注意的是：在调用 fork

之后打开的文件描述符不会存在上述情况。

除了文件描述符,对于其他父进程所拥有的资源:进程上下文、内存、堆栈等,子进程是复制父进程,而不是共享。所以创建了子进程以后,如果修改任一同名变量,都不会影响父进程中同一变量的值。

一般而言,调用 fork 创建子进程,不会仅仅为了创建当前进程的一个子进程,而是为了启动另外一个程序,所以这时子进程复制父进程所拥有的进程资源是没有意义的。这时可以调用另外一个函数 vfork,这个函数的实现与 fork 有所不同。用 vfork 创建的子进程与父进程共享资源,所以 vfork 后在子进程中修改同名变量,父进程中变量值也会随之被改变。

另一个重要区别是:调用 fork 产生子进程后,父子进程的执行顺序是不确定的,这取决于操作系统的调度。而 vfork 调用产生的父子进程的关系是:父进程只在等到子进程调用 exit 退出或调用 exec 执行一个程序后,才会继续执行。

所以,根据上述情况,在上面所示的例子中,调用 fork 后产生的父子进程分别打印 parent process 和 child process,但哪一句先打印出来则不确定。

在上面所示的例子中,父进程打印 parent process 之后,调用 wait(&status)。因为父子进程执行的顺序不确定,所以父子进程哪一个先退出也是不确定的。因为子进程在退出时会先发一个 SIGCHLD 信号到父进程,只有得到父进程确认后,子进程才能从系统的进程表中彻底清除,所以如果父进程先退出,则子进程退出信号会一直得不到确认。在发出 SIGCHLD 信号到得到父进程的确认期间,子进程处于所谓 zombie 状态。虽然子进程已经退出,但仍然会占用系统的进程资源。

父进程调用 wait 函数时,父进程处于挂起状态,如果希望父进程在创建子进程后仍然能够继续执行,同时希望子进程退出时得到父进程的确认,则可以在父进程中注册信号 SIGCHLD 处理函数,父进程在信号处理函数中调用 wait 函数确认子进程退出,使得系统中子进程所占进程资源得到彻底释放。

因为 LGUI 是一个多进程的系统,桌面进程需要创建多个客户进程,所以 LGUI 也用到了 fork 类函数,LGUI 示例代码中调用了 fork 函数,实际上也可以调用 vfork 函数,因为桌面进程创建子进程的目的就是为了启动另外一个程序,而调用 vfork 效率更高一些。

6. 桌面进程启动客户进程

```
BOOL LaunchApp(char * pFileName)
{
    pid_t child;
    char * args[] = {NULL};
    if((child = fork()) == -1){
        printerror("fork error");
        exit(EXIT_FAILURE);
```

```
    }
    else if(child==0){
        execve(pFileName,args,environ);
    }

    DisactiveWindow(_lGUI_pWindowsTree);
    return true;
}
```

关于子进程退出的问题,在 LGUI 中的处理方法与前述方法有所不同,由于在 LGUI 中父子进程之间建立了 domain socket 连接并通过该连接在不同进程之间传递数据,而 domain socket 连接在一端关闭时另一端会收到消息,所以桌面进程端同样也可以收到客户进程退出的消息,桌面进程据此来清理所管理的有关客户进程资源。

3.1.2 管　道

管道技术是 Linux 操作系统中应用已久的一种进程间通信机制。所有的管道技术,无论是半双工的匿名管道,还是命名管道,都是利用 FIFO 排队模型来处理进程间的通信的。

例如命令:

```
ls -1 | wc -l
```

该命令首先创建两个进程,一个对应于 ls - 1,另一个对应于 wc - l。然后,把第一个进程的标准输出设为第二个进程的标准输入。它的作用是计算当前目录下的文件数量。

第一个命令 ls 执行后产生的输出作为了第二个命令 wc 的输入。这是一个半双工通信,因为通信是单向的。两个命令之间连接的具体工作,是由内核来完成的。除了命令之外,应用程序也可以使用管道进行连接。

管道是父进程和子进程间的单向通信机制,即一个进程发送数据到管道,另外一个进程从管道中读出数据。如果需要双向的通信机制,则需要建立两个管道。

系统负责两件事情:一是写入管道的数据和读出管道的数据的顺序是相同的,二是数据不会在管道中丢失,除非某个进程过早地退出。

建立管道的函数是 pipe():

```
#include <unistd.h>
int pipe(int filedes[2]);
```

它使用的参数是一个含有两个整数的数组。它用于表示管道的两个描述字。一个用于向管道写入数据,一个用于从管道读出数据。建立管道的代码是:

```
int pipes[2];
```

```c
int rc = pipe(pipes);
if (rc == -1) {
    perror("pipe");
    exit(1);
}
```

其中,pipes[0]是读数据的描述字,pipes[1]是写数据的描述字。这样建立起来的管道没有实际意义,只有在产生新进程后,父进程和子进程都共享建立起来的管道时才有意义。父进程和子进程都拥有管道的描述字。所以一个进程便可以向管道中写数据,另一个进程从管道中读数据。

父子进程使用管道举例:

```c
#include <stdio.h>
#include <sys/types.h>
#include <unistd.h>
//子进程
void dosth_inchild(int pipes[])
{
    int c;
    int ret;
close(pipes[1]);//关闭写端
while ((ret = read(pipes[0], &c, 1)) > 0){
    //do something
}
exit(0);
}
//父进程
void dosth_inparent(int pipes[])
{
    int c;
    int ret;
close(pipes[0]);//关闭读端

while ((c = getchar()) > 0) {
ret = write(pipes[1], &c, 1);
}
//关闭写端
close(pipes[1]);
exit(0);
}
```

```
int main()
{
int pipes[2];
pid_t pid;
int ret;
ret = pipe(pipes);
pid = fork();
switch(pid) {
case -1:
perror("fork");
exit(1);
case 0:
dosth_inchild(pipes);
default:
dosth_inparent(pipes);
}
return 0;
}
```

管道与命名管道的区别如下:

管道只能用于连接具有共同祖先的进程,例如父子进程间的通信,它无法实现不同用户的进程间的信息共享。而且,管道不能常设,当访问管道的进程终止时,管道也就撤销了。

命名管道也称为 FIFO,是一种永久性的机构。FIFO 文件也具有文件名、文件长度、访问许可权等属性,它也能像其他 Linux 文件那样被打开、关闭和删除,所以任何进程都能找到它。即使是不同祖先的进程,也可以利用命名管道进行通信。

命名管道的建立可以使用命令 mknod 或者是命令 mkfifo。在程序中也可以使用 mknod() 函数或者是 mkfifo() 函数。

使用命令建立管道的方法如下:

> mknod newpipe p

或者是

> mkfifo newpipe

使用函数建立管道的方法如下:

```
#include <sys/types.h>
#include <sys/stat.h>
int mkfifo ( const char * pathname, mode_t mode );
```

```
# include <sys/types.h>
# include <sys/stat.h>
# include <fcntl.h>
# include <unistd.h>
int mknod(const char * pathname, mode_t mode, dev_t dev);
```

命名管道的打开操作像普通文件的打开操作一样，可以使用系统的函数调用 open() 或者 fopen() 来打开文件。读/写的操作也像对普通文件的操作一样，但是有如下差别：

对于读/写，命名管道不能在打开时同时用于读和写，打开管道时必须只能选择一种打开模式，直到关闭管道为止。

管道的读/写是阻塞的，当进程读命名管道而管道内无数据时，读的进程被阻塞，它不会接收到 EOF。当进程向管道中写数据，但是没有读入端时（比如读管道的进程已经关闭了命名管道），写的进程也被阻塞，直到有进程重新打开管道为止。所以，当使用命名管道时必须考虑上述因素。当然，也可以使用 fcntl() 函数把管道的读/写设置为非阻塞的。这与文件的操作十分相似。

3.1.3 消息队列

使用管道传输数据的缺点是显而易见的，特别是管道中的数据必须是 FIFO 次序的，进程必须读完所有的数据，才能找到所需要的数据段。除了管道之外，Linux 上还有许多进程间的通信方式，比如：消息队列、信号量、共享内存等。

消息队列（message queue）是存放消息的队列。消息是指含有消息类型（是一个数字）和消息数据的信息。它可以是私有的，也可以是公有的。如果它是私有的，则只能被创建消息队列的进程和它的子进程访问到。如果它是公有的，则可以被系统上任何一个进程访问到。不同的进程可以向同一个消息队列中写消息或者读消息，消息可以按类型访问，因此不必使用 FIFO 的次序。

3.1.4 信号量

在多进程程序中，多进程的同步是一个比较麻烦的问题。尽管使用管道、消息队列可以做到同步，但是有时需要同步多个进程，甚至是多个进程对数据资源访问的同步，信号量（semaphore）便是解决这类进程间通信问题的方法。

信号量是一个含有整数的资源，它允许进程通过检测和设置它的值来实现同步，即进程在检测和设置它的值时，保证了其他进程在此期间不能做类似操作。

3.1.5 共享内存

在 Linux 这样的多进程系统中，每一个进程都有自己的内存空间，一个进程如果访问另一个进程的内存空间就很容易引起错误,但共享内存则可以由多个进程同时进行读/写操作。如果需要读/写同步操作,则可以使用信号量/互斥量来处理。

共享内存是最快的 IPC 方式,因为一旦这样的共享内存段映射到各个进程的地址空间,这些进程间通过共享内存的数据传递就不需要内核帮忙了。也就是说:各进程不是通过执行任何进入内核的系统调用来传递数据,内核的责任仅仅是建立各进程地址空间与共享内存的映射,当然像处理页面故障这一类的底层工作还是要做的。相比之下,管道和消息队列交换数据时都需要内核来中转数据,速度就相对较慢。

在 LGUI 中,桌面进程启动以后,首先会创建一个共享内存,并将字库、系统预定义 GDI 对象、鼠标的当前状态存放到共享内存中,以方便与其他客户进程访问。

LGUI 这样处理的好处就是节省系统内存开销,且对于只需要读操作的系统静态资源来说,没有同步的问题,所以使用共享内存是比较好的方案。当然也可以由桌面进程统一管理系统资源,客户进程通过向桌面进程申请以得到可以使用的资源,但这样对于一个嵌入式系统来说其实现代价就会比较大,权衡结果还是使用共享内存来解决问题更好一些。

由于开发的历史原因,LGUI 中实现共享内存使用的函数是 SYSTEM V 中支持的函数,而不是 POSIX 函数,一般建议还是使用 POSIX 函数,这会增强应用程序的可移植性。在这里顺便说一下,如果在某些平台上链接不通过,可能与在内核中的设定有关。如果在内核的设定中没有打开 SYSTEM V IPC 开关,则使用 SYSTEM V IPC 的应用程序就会遇到链接问题。

SYSTEM V 共享内存使用 shmget、shmat、sem_remove、shmctl 系列的库函数;而 POSIX 共享内存使用 shm_open()、ftruncate()、mmap()、shm_unlink()等函数。

共享内存的实现如下:

```
BOOL InitShareMemClient()
{
    struct shmid_ds shm_desc;
    shm_id = shmget(SHMEM_ID,SHMEM_SIZE,SHMEM_FLAG);
    if(shm_id == -1){
        sem_remove(sem_set_id);
        return false;
    }
    _lGUI_pShm = shmat(shm_id,NULL,0);
    if(! _lGUI_pShm){
        sem_remove(sem_set_id);
        shmctl(shm_id,IPC_RMID,&shm_desc);
        return false;
    }
    return true;
}
```

```
void UnInitShareMem()
{
    struct shmid_ds shm_desc;
    if(IsServerProcess()){
        sem_remove(sem_set_id);
        shmdt(_lGUI_pShm);
        shmctl(shm_id,IPC_RMID,&shm_desc);
    }
    else{
        shmdt(_lGUI_pShm);
    }
}
```

桌面进程在创建完共享内存后,通过调用 CreateStockObject 将字库、预定义的 GDI 对象复制到共享内存中,客户端进程通过 Attach 这块内存,就可以读其中的字库与系统预置的 GDI 对象。这样,只由桌面进程一次创建,就可以多个客户进程多家共享使用,不必在进程之间传递这些信息,降低了进程之间资源的消耗,有利于提高系统效率。

(1) 建立共享内存

int shmget(key_t key, int size, int shmflg);

其中,key 是建立共享内存的标志,size 是共享内存的大小。shmflg 标志共享内存访问的权限。该函数返回共享内存的 ID。可以用于以后操作该共享内存段。

(2) 共享内存的 Attach

shmat(shm_id,NULL,0);

若以只读的方式 Attach 共享内存,则所有对于共享内存的写操作都会出现错误。

shmat(shm_id,NULL,SHM_RDONLY);

(3) 共享内存的 Detach

shmdt(_lGUI_pShm);

(4) 撤消共享内存

shmctl(shm_id,IPC_RMID,&shm_desc);

3.1.6 Domain Socket

Linux 下有 Domain Socket 和 Berkely Socket 两种套接字,其中 Domain Socket 主要应用于进程间通信,而 Berkely Socket 则支持 Unix、Windows、OS/2、Macintosh 以及其他的计算机系统。

一般对于 Socket 的讲述都会放在网络编程部分,但因为 Linux 下 Domain Socket 是进程间的通信方式之一,所以本书在 IPC 这部分专门讲述 Domain Socket。

Unix Domain Socket(简称 unix socket)和 TCP/UDP 等 INET 类型 socket 相比起来有几个优点：

① 安全性高，unix socket 只在单机环境中使用，不支持机器之间通信。
② 效率高，执行时的速度约是 TCP 的两倍，多用于操作系统内部通信(IPC)。
③ 支持 SOCK_DGRAM，但和 UDP 不同，前后消息是严格有序的。

因此使用 unix socket 来设计单机的 IPC 应用非常实用。大量的 Unix 应用软件都使用 unix socket 来进行程序间通信。

Domain Socket 与 Berkely Socket 的接口是非常类似的，只是它们使用的协议族不同。LGUI 采用 Domain Socket 实现桌面进程与应用进程之间的通信。

下面通过 LGUI 中的实际代码，介绍这种 IPC 的方法。

桌面进程通过调用 serv_listen 来侦听客户进程的连接请求：

```c
int serv_listen(const char * name)
{
    int fd;
    int len;
    struct sockaddr_un unix_addr;
    fd = socket(AF_UNIX, SOCK_STREAM, 0);
    if (fd < 0) {
        perror("opening stream socket");
        return -1;
    }
    fcntl( fd, F_SETFD, FD_CLOEXEC );
    unlink (name);
    memset (&unix_addr, 0, sizeof(unix_addr));
    unix_addr.sun_family = AF_UNIX;
    strcpy(unix_addr.sun_path, name);
        len = sizeof (unix_addr.sun_family) + strlen (unix_addr.sun_path);
    if (bind (fd, (struct sockaddr *) &unix_addr, len) < 0){
        close(fd);
        perror("binding stream socket");
        return -1;
    }
    chmod (name, 0666);
    if(listen(fd, 5)<0){
        close(fd);
        return -1;
    }
```

```
    return fd;
}
```

客户进程在启动时通过调用 cli_conn 向桌面进程发送连接请求：

```
int cli_conn(const char * name)
{
    int    fd, len;
    struct sockaddr_un unix_addr;
    if ( (fd = socket(AF_UNIX, SOCK_STREAM, 0)) < 0)
        return(-1);
    memset(&unix_addr, 0, sizeof(unix_addr));
    unix_addr.sun_family = AF_UNIX;
    sprintf(unix_addr.sun_path, "%s%05d", CLI_PATH, getpid());
    len = sizeof(unix_addr.sun_family) + strlen(unix_addr.sun_path);
    unlink (unix_addr.sun_path);
    if (bind(fd, (struct sockaddr * ) &unix_addr, len) < 0){
        close(fd);
        return -1;
    }
    chmod(unix_addr.sun_path, 0606);
    memset(&unix_addr, 0, sizeof(unix_addr));
    unix_addr.sun_family = AF_UNIX;
    strcpy(unix_addr.sun_path, name);
    len = sizeof(unix_addr.sun_family) + strlen(unix_addr.sun_path);
    if (connect (fd, (struct sockaddr * ) &unix_addr, len) < 0){
        close(fd);
        return -1;
    }
    return (fd);
}
```

桌面进程在接收到客户进程连接请求后，通过调用 accept 接受请求，建立连接，并返回建立连接的 ID 号，然后创建一个进程专门针对这个连接进行读/写操作，以便与对应的客户进程交换消息。

```
int serv_accept(int listenfd)
{
    int    clifd;
    struct sockaddr_un unix_addr;
    clifd = accept(listenfd, 0, 0);
```

```c
    if(clifd < 0)
        return -1;
    return (clifd);
}
```

桌面进程在建立连接时的代码如下：

```c
void * IpcSocketMainLoopServer(void * para)
{
    PlGUIAppStat pStat;
    int clifd;
    int fd;
    fd = *((int *)para);
    while(1){
        pthread_testcancel();
        clifd = serv_accept(fd);
        if(clifd! = -1){
            pStat = (PlGUIAppStat)malloc(sizeof(lGUIAppStat));
            if(! pStat)
                continue;
            memset(pStat,0,sizeof(lGUIAppStat));
            pStat->fdSocket = clifd;
            if(! _lGUI_pAppStat)
                _lGUI_pAppStat = pStat;
            else{
                pStat->pNext = _lGUI_pAppStat;
                _lGUI_pAppStat = pStat;
            }
            //创建一个线程，一个线程对应一个客户进程
    pthread_create(&(_lGUI_pAppStat->tdSocket),NULL,
(void *)ReadMainLoopServer,(void *)&clifd);
        }
    }
}
```

socket 连接建立起来之后，针对 socket 的读/写操作如下：

```c
int sock_write(int fd, const void * buff, int count)
{
    const void * pts = buff;
    int status = 0, n;
```

```c
        if (count < 0) return SOCKERR_OK;
        while (status != count) {
            n = write (fd, pts + status, count - status);
            if (n < 0) {
                if (errno == EPIPE)
                    return SOCKERR_CLOSED;
                else if (errno == EINTR)
                    continue;
                else
                    return SOCKERR_IO;
            }
            status += n;
        }
        return status;
    }

    int sock_read(    int fd, void * buff, int count)
    {
        void * pts = buff;
        int status = 0, n;
        if (count <= 0) return SOCKERR_OK;
        while (status != count) {
            n = read (fd, pts + status, count - status);
            if (n < 0) {
                if (errno == EINTR)
                    continue;
                else
                    return SOCKERR_IO;
            }
            if (n == 0)
                return SOCKERR_CLOSED;
            status += n;
        }
        return status;
    }
```

3.2　Linux 多线程编程介绍

LGUI 是一个消息驱动的软件系统，线程在其中扮演着非常重要的角色。例如，桌面进程对于鼠标事件、键盘事件都是通过单独的线程进行监视的。

所谓"多线程"是指一个独立的程序看起来像是同一时间执行多个任务的功能。这里,"任务"指一个计算单元,对应于一个线程。例如,一个程序在加载数据文件的同时读入用户输入就是进行两个计算单元,就可以用多线程的程序来实现。

一个进程中执行的所有线程称为线程组。它们共享同一块内存区域,所以可以访问同样一些全局变量、堆内存及文件描述符等。

使用线程组与使用一个顺序执行的程序相比,优势在于:很多操作可以并行执行,所以事件在它们到达后立即得到处理。在单处理器的机器上,线程的并行执行就是在不同的时间片执行不同的线程;而在多处理器机器上,同一进程的不同线程可以分配到不同的处理器上,真正实现并行执行,所以多线程程序可以充分利用机器上的所有处理器,其执行速度比单线程要快。

使用线程组与使用进程组相比,优势在于:线程间的运行环境切换比进程间的运行切换要快得多。同样,线程间的通信比进程间的通信更快、更容易。但另一方面,由于线程组中的所有线程使用同一块内存空间,如果一个线程破坏了内存中的内容,其他线程也会面对同样的后果;而对于进程,操作系统通常会保护每个进程使用的内存空间,一个进程破坏了它自己的内存空间中的内容,并不会殃及其他进程。

LGUI 中大量地使用了线程技术来提高系统性能,同时使得其能快速响应外部输入、进程间消息等。

Linux 下最常用的线程库是 pthread 库,它是 glibc 库的一部分。pthread 库是标准的 POSIX 接口库。

3.2.1 创建线程

在一个进程启动时会有一个主线程,这个主线程即是运行 main 函数的线程。主线程通过调用 pthread_create 创建其他线程。

```
int pthread_create(
pthread_t *  thread,
pthread_attr_t * attr,
void * (*start_routine)(void *),
void * arg);
```

下面以 LGUI 中键盘监视线程来说明线程的创建。

LGUI 启动后,桌面进程需要创建包括键盘监视线程在内的几个线程,用于获取键盘或其他外部设备(包括鼠标、触摸屏)等的外部事件。这些线程得到这些外部事件后,经过过滤处理,打包成 LGUI 中定义的系统消息,发送到桌面进程主线程的消息队列中,主线程根据当前系统状态确定怎样处理消息——是由桌面进程处理,还是发送到客户进程,由客户进程处理。

```c
BOOL GUIAPI InitGUIServer()
{
    RegisterServerControls();
    InitMsgQueueHeap();
    InitClipRegionHeap();
    InitInvalidRegionHeap();
    if(! InitFrameBuffer()){
        printerror("init framebuffer error!");
        return false;
    }
    InitShareMemServer();
    CreateStockObject();
    if(! InitIpcSocketServer())
        return false;
    RegisterTimerRoutine();
    InitMouseServer();
    InitKeyboard();              //创建键盘监视线程
    return true;
}


void InitKeyboard()
{
    InstallKBDevice();
    InitLGUIKBDefine();
    OpenKB();
    //创建键盘线程
    pthread_create(&thread_kb,NULL,
                (void*)KeyboardMainLoop,NULL);
}


void* KeyboardMainLoop(void* para)
{
    int old_cancel_type;
    BYTE btScanCode;
    BYTE btPressed;

    //注册线程清理函数
    pthread_cleanup_push(cleanup_closekb,NULL);
    while(1){
```

```
        pthread_testcancel();
        if(ReadKB(&btScanCode,&btPressed)){
            if(btPressed == 1)
                SendKBMessage((int)btScanCode);
            //printf("%d\n",btScanCode);
        }
    }

    //清理函数
    pthread_setcanceltype(PTHREAD_CANCEL_DEFERRED,
&old_cancel_type);
    pthread_cleanup_pop(1);
    pthread_setcanceltype(old_cancel_type,NULL);
}
```

关于线程函数的说明:线程被创建出来以后,需要运行一个确定的代码,这就是线程函数,例如在上面的例子中运行的程序就是函数 KeyboardMainLoop。

在这个例子中可以看到,这个函数是一个死循环,如果没有外部线程要求结束这个线程,这个线程就会一直处在运行状态。

关于这个线程的第一个问题也许是,这样一个死循环会不会大量消耗系统资源(主要是CPU 资源)呢？相信这是很多读者关心的问题。答案是这样的,在这个死循环里,有一个Read 操作,仔细阅读代码就会看到,这个 Read 会调用系统的 Read 函数,最终则会从外设的驱动程序中读取数据,而一般驱动程序的 I/O 接口都会有非忙等待的处理,所以在没有数据的时候,这个函数是不会返回的,也就是说如果用户没有按下键盘,ReadKB 函数会被阻塞,从而这个线程就会处于阻塞状态,则对于系统资源的消耗就是有限的。

关于非忙等待的问题,在后面通过 LGUI 中消息队列的实现机制会进行详细说明。在这里先有这个概念。然后再特别关注一下这个线程函数中的其他几个 pthread 族的函数。

```
    pthread_testcancel();
    pthread_setcanceltype();
    pthread_cleanup_push();
    pthread_cleanup_pop();
    pthread_exit();
```

这几个函数共同的一点都是与线程的取消有关。它们在上面的代码里没有出现,将在3.2.2 小节集中说明线程的取消与退出。

3.2.2 线程的退出与取消

1. 线程的退出

pthread_exit();

调用 pthread_exit(),使当前线程退出并释放线程占用的所有资源。如果线程函数执行完毕,同样也会释放线程资源,所以没有必要调用 pthread_exit() 函数。只是在线程运行中途需要退出线程时调用该函数。

在 LGUI 中,桌面进程对应每一个客户进程都有一个 socket 连接,并用一个单独的线程读这个 socket 以实现与客户端的通信。因为这个读操作是在一个死循环里,所以这个线程不会因为执行完毕而自动终止。但当在循环中读 socket 操作返回 SOCKERR_CLOSE 或 SOCKERR_IO 时,表示 socket 连接有错误或 socket 连接已关闭,这时线程通过调用 pthread_exit() 来终止。

LGUI 中的代码如下:

```
void* ReadMainLoopServer(void* clifd)
{
    ......
    while(1){
        //read value of message at first;
        iRet = sock_read(fd,(void*)&iMsg,sizeof(int));
        if(iRet == SOCKERR_CLOSED || iRet == SOCKERR_IO){
            ......
            pthread_exit(0);
        }
        ......
    }
}
```

2. 线程的取消

pthread_cancel();

这个函数的参数为调用 pthread_create 返回的线程 ID,调用这个函数,向 ID 对应的线程发送一个取消线程的请求。

在 LGUI 中,桌面进程退出时,主线程将会通过函数调用向该进程中包括的一些线程发送退出消息,下面还以键盘线程为例:

```
void GUIAPI TerminateGUIServer()
{
```

```
    TerminateMouseServer();
    TerminateKeyboard();
    TerminateIpcSocket();
    DestroyRegWndTable();
    UnInitFrameBuffer();
    DestroyClipRegionHeap();
    DestroyInvalidRegionHeap();
    DestroyMsgQueueHeap();
    UnInitShareMem();
    UnInitTimer();
}
void TerminateKeyboard()
{
    pthread_cancel(thread_kb);
    pthread_join(thread_kb,NULL);
}
```

其中函数 TerminateKeyboard 中调用了 pthread 中的函数：

pthread_cancel(thread_kb);

通过调用这个函数，主线程就向键盘线程发送了线程终止请求。但是，并不是主线程发送线程取消请求到其他线程后，其他线程马上就会退出，这里有一个关键的概念需要说明一下，那就是线程的取消点。

如果线程正处于非常忙碌的状态，这时外部的其他线程向这个线程发送取消线程命令，这个线程可能不会马上响应，而会等到一个线程取消点。就 POSIX 标准而言，一般下面这些函数被作为取消点：

```
pthread_join();
pthread_cond_wait();
pthread_cond_timedwait();
pthread_testcancel();
sem_wait();
sigwait();
```

线程在执行这些函数时，将会检查是否有被推迟的取消请求。如果有，线程将会退出。

其中有一个函数比较特殊，那就是 pthread_testcancel()。调用这个函数的唯一目的就是为了检查是否有线程取消的请求。在上面所列的键盘线程的代码里，就在线程的循环中调用了这个函数。通常而言，POSIX 里 read 函数也是线程的一个取消点，也就是说如果我们不调用 pthread_testcancel，在 read 函数中线程也可以被取消，但这也取决于函数实现在多大程度上参照了 POSIX 的标准。

回到 TerminateKeyboard 函数，主线程通过调用 pthread_cancel 向键盘线程发送了取消请求，但鉴于上面讲到的情况，键盘线程可能不会马上返回，所以主线程通过调用 pthread_join()函数来等待键盘线程的退出，以确保键盘线程在收到消息后正常退出，这就是线程退出时的同步问题。

3.2.3 线程退出时的同步问题

pthread_join()函数就是为了解决线程退出时的同步问题。

pthread_join()函数的作用就是把调用它的线程挂起，直到参数中指定的线程退出为至。

如果没有这类函数，则主线程发出终止某一线程的请求后，除非不断去扫描该线程是否已退出，否则无法确定该线程是否已终止，也就是需要忙等待。而 pthread_join 函数使得发出终止线程请求的线程处于挂起状态，直到被要求终止的线程真正退出以后，发出终止请求的线程会重新被唤醒。

3.2.4 线程清理函数

有时希望一个线程退出时能够自动清理线程所占用的一些系统资源，而 pthread 中的线程清理函数正好能够帮助人们完成这样的任务。

在上面键盘线程的主函数刚开始执行时，调用了一个函数：

pthread_cleanup_push();

这个函数的功能就是注册线程清理函数，在这个例子中，注册的线程清理函数的名字是 cleanup_closekb，这个函数的代码如下：

```
cleanup_closekb(void * para)
{
//关闭键盘设备
    CloseKB();
}
```

所谓线程清理函数的机制是这样的：pthread 库提供了一种机制，即如果为一个线程注册了线程清理函数，则在线程退出时，线程会自动调用注册的线程函数来完成一些需要的清理工作。

另一个函数是 pthread_cleanup_pop()，这个函数用来从线程清理函数集合中删除最后增加的那个函数。这也就是说，pthread_cleanup_push 和 pthread_cleanup_pop 可以调用多次，与堆栈类似，即先被 push 的清理函数在线程退出时被调用的次序反而在后面。在 LGUI 的键盘线程中，只定义了一个线程清理函数，即 cleanup_closekb，用于关闭键盘设备。

线程清理函数的机制是非常有用的，否则如何释放线程所使用的一些资源就会相对麻烦一些。有了这个机制，只需要在线程启动时注册一下这个清理函数就可以了。线程退出时会自动调用这个函数。

3.2.5 线程取消状态

在 LGUI 键盘线程主函数退出的时候，有如下的语句：

```
//清理函数
    pthread_setcanceltype(PTHREAD_CANCEL_DEFERRED,&old_cancel_type);
    pthread_cleanup_pop(1);
    pthread_setcanceltype(old_cancel_type,NULL);
```

其中，pthread_cleanup_pop()在线程清理函数里已经作过说明，而 pthread_setcanceltype()函数的作用是什么呢？这便是这里要讨论的线程取消状态。前面讲过，一个线程并不是接到取消线程请求以后就会马上终止线程，实际上是否马上终止线程与当前线程的线程取消状态有关，甚至线程在某种状态下是无法通过 pthread_cancel()取消的。

线程的取消状态包括以下值：

PTHREAD_CANCEL_ENABLE，表示接受取消请求；

PTHREAD_CANCEL_DISABLE，表示不接受取消请求。

而线程的取消类型则分为：

PTHREAD_CANCEL_ASYNCHRONOUS，表示立即处理终止请求；

PTHREAD_CANCEL_DEFERRED，表示推迟到下一个线程取消点终止线程。

线程被创建的默认状态是 PTHREAD_CANCEL_ENABLE，取消类型为接受取消请求 PTHREAD_CANCEL_DEFERRED。

LGUI 示例版本中在键盘线程最后退出时先将线程的取消类型置为推迟取消，然后通过 pthread_cleanup_pop 调用来完成线程清理，最后再将线程的取消状态设为默认状态。这个实现代码就 POSIX 标准来讲应该说是没有必要的，当然也不会带来什么负面影响。因为如果创建线程时没有设置线程的取消类型，其默认值就是延迟取消。而且由于发出取消线程请求的主线程通过调用 pthread_join()函数来等待键盘线程的退出，所以键盘线程肯定会顺利执行完清理代码才会终止。在这里进一步剖析 LGUI 代码里的一些不合理内容，以便大家了解 pthread 库中函数的实质，避免犯类似的一些错误。

3.2.6 线程同步

线程同步是多线程编程中非常重要的一个问题，掌握了线程同步，才真正掌握了多线程编程的根本。

在 pthread 库中提供的线程同步主要包括互斥量与信号量。实现进程间同步时也有信号量与互斥量，原理上是类似的。

1. 互斥量

互斥量也叫互斥锁,锁是一种非常形象的说法,所谓互斥是指线程对于某一种资源在某一个时间段内能够独占使用。

就像一个房间,有多个人想进去,但门里有锁,任何一个人进去后先把门锁起来,其他人就进不去,只有进去的人开锁出来,其他的人才能进去。互斥锁与这种情形是非常类似的。

(1) 特 点

互斥锁有如下特点。

① 原子性:锁定一个互斥量的操作具有原子性,这意味着一个进程或一个线程在锁定一个互斥量时,其他进程或线程不能同时锁定这个信号量。

② 唯一性:一个互斥量同时只能被一个进程或线程锁定,也就是说,如果一个进程或线程锁定了一个互斥量,在这个进程或线程解锁之前,其他进程或线程是不能锁定这个互斥量的。

③ 非忙等待:如果一个互斥量已经被一个进程或一个线程锁定,这时如果有第二个进程或线程试图锁定这个互斥量,则第二个进程或线程就会被挂起,这时第二个进程或线程不会消耗 CPU 资源,只到这个互斥量被第一个进程或线程解锁,第二个进程或线程就被唤醒,同时锁定这个互斥量。

(2) 应 用

在 LGUI 里,有很多地方用到互斥量,在这里以消息堆的实现来作说明。

在 LGUI 里,一个进程内的多个子窗口都有单独的线程来处理由其他窗口或系统传递过来的消息,这些消息都通过消息队列进行存储,而消息队列是通过链表存放的,这就涉及一个问题,不断地生成消息,申请空间并存放,然后加入到消息队列,消息处理后再将空间释放,这样频繁的内存操作与程序中其他内存操作夹杂在一起可能会引起空间的碎片化,而且通过系统的 malloc 函数申请空间的效率是不高的。所以在 LGUI 中引入了消息堆的管理。其原理就是一个进程在启动时,首先会在进程堆上申请一块空间,此后通过这个堆再分配给各个线程用于存放消息。因为这个消息堆具有全局性,如果线程之间不加保护,由于线程切换的不确定性,有可能会引起消息堆状态的不确定,从而引发错误,所以在 LGUI 的实现里,使用互斥量以达到保护的目的。

在 LGUI 中消息堆的定义如下:

```
typedef struct _PrivateHeap{
    pthread_mutex_t mutex;
    unsigned long    BlockNumber;
    unsigned long    BlockSize;
    unsigned long    free;
    void *           pData;
} PrivateHeap;
```

```
typedef PrivateHeap * PPrivateHeap;
```

其中的第一个成员就是 pthread_mutex_t mutex;

创建堆的代码如下:

```
BOOL
HeapCreate(
    PPrivateHeap pHeap,
    unsigned long BlockNumber,
    unsigned long BlockSize
)
{
    pthread_mutex_init(&pHeap->mutex, NULL);
    pHeap->BlockNumber = BlockNumber;
    pHeap->BlockSize = BlockSize + sizeof(unsigned long);
    pHeap->free = 0;
    pHeap->pData = calloc(pHeap->BlockNumber, pHeap->BlockSize);
    if(! pHeap->pData)
        return false;
    memset(pHeap->pData, 0, pHeap->BlockNumber * pHeap->BlockSize);
    return true;
}
```

在创建堆时,通过调用 pthread_mutex_init 对互斥量进行初始化。

```
void HeapDestroy(PPrivateHeap pHeap)
{
    free(pHeap->pData);
    pthread_mutex_destroy(&pHeap->mutex);
}
```

在销毁消息堆时,通过调用 pthread_mutex_destroy(&pHeap->mutex);销毁互斥量。

```
void * HeapAlloc(PPrivateHeap pHeap)
{
    char * pData = NULL;
    unsigned long i;
    pthread_mutex_lock(&pHeap->mutex);
    pData = pHeap->pData;
    for(i = pHeap->free; i < pHeap->BlockNumber; i++){
        if( *((unsigned long *)pData) == HEAP_BLOCK_FREE){
            *((unsigned long *)pData) = HEAP_BLOCK_USED;
```

```
            pHeap->free = i + 1;
            pthread_mutex_unlock(&pHeap->mutex);
            return pData + sizeof(unsigned long);
        }
        pData += pHeap->BlockSize;
    }
    pData = calloc(1,pHeap->BlockSize);
    *((unsigned long *)pData) = HEAP_BLOCK_OVERFLOW;
    pData += sizeof(unsigned long);
    pthread_mutex_unlock(&pHeap->mutex);
    return pData;
}

void HeapFree(PPrivateHeap pHeap, void * pData)
{
    int i;
    char * pBlock;
    pthread_mutex_lock(&pHeap->mutex);
    pBlock = pData - sizeof(unsigned long);
    if( *((unsigned long *)pBlock) == HEAP_BLOCK_OVERFLOW){
        free(pBlock);
    }
    else{
        *((unsigned long *)pBlock) = HEAP_BLOCK_FREE;
        i = (pBlock - (char *)pHeap->pData)/pHeap->BlockSize;
        if(pHeap->free > i)
            pHeap->free = i;
    }
    pthread_mutex_unlock(&pHeap->mutex);
}
```

在 HeapAlloc 和 HeapFree 函数中，在进入函数和退出函数时，都分别调用了以下两个函数：

```
pthread_mutex_lock(&pHeap->mutex);
pthread_mutex_unlock(&pHeap->mutex);
```

其中，前一个函数用于加锁，后一个函数用于解锁。因为分配空间与释放空间都会修改进程中全局的消息堆状态，所以在修改之前加锁，在修改之后解锁。

在这里读者关键在于了解互斥锁的使用，而不必仔细了解消息堆的实现，消息堆的实现在后面的章节里还会详细说明。

2. 信号量

关于信号量有一个典型的生产者/消费者的例子，相信很多人都听说过。下面结合相关代码简要说明。

LGUI 中消息队列的定义：

```
typedef struct _MsgQueue {
    pthread_mutex_t     mutex;
    sem_t               sem;
    DWORD               dwState;
    PSyncMsgLink        pHeadSyncMsg;
    PSyncMsgLink        pTailSyncMsg;
    PNtfMsgLink         pHeadNtfMsg;
    PNtfMsgLink         pTailNtfMsg;
    PNtfMsgLink         pHeadPntMsg;
    PNtfMsgLink         pTailPntMsg;
    WndMailBox          wndMailBox;
    HWND                TimerOwner[NUM_WIN_TIMERS];
    int                 TimerID[NUM_WIN_TIMERS];
    WORD                TimerMask;
}   MsgQueue;
typedef MsgQueue *      PMsgQueue;
```

在 LGUI 中，每一个应用进程中的子窗口都有单独的线程与之对应，一个窗口被创建后，窗口线程也就随之启动，并开始进行消息循环：取消息，处理消息直到消息队列为空，没有消息可供处理为止，这时线程就会处于挂起状态，直到有新的消息进来时线程才被唤醒。这也就是典型的非忙等待。

下面通过几个处理消息 API 函数的实现来说明线程同步。

(1) PostMessage 函数

PostMessage 函数用于向某一个窗口"邮寄"一个消息，在 LGUI 里消息有优先级，对于 PostMessage 发送的消息，如果目的窗口消息队列已满，则这个消息会被放弃。在 LGUI 的实现代码里可以看到，Post 消息是放在一个限定长度的数组里，如果这个数组已满，就表示消息队列已满。

```
BOOL GUIAPI
PostMessage(HWND hWnd, int iMsg,        WPARAM wParam, LPARAM lParam)
{
    PMsgQueue pMsgQueue;
```

```c
    PMSG pMsg;
    int sem_value;
    if(! hWnd)
        return false;
    pMsgQueue = GetMsgQueue(hWnd);
    if(! pMsgQueue)
        return false;
    pthread_mutex_lock(&pMsgQueue->mutex);
    if(iMsg == LMSG_QUIT){
        pMsgQueue->dwState | = QS_QUITMSG;
    }
    else{
        if((pMsgQueue->wndMailBox.iWritePos + 1) %
            SIZE_WND_MAILBOX == pMsgQueue->wndMailBox.iReadPos)
            return false;
        pMsg = &(pMsgQueue->wndMailBox.msg[
                pMsgQueue->wndMailBox.iWritePos]);
        pMsg->hWnd = hWnd;
        pMsg->message = iMsg;
        pMsg->wParam = wParam;
        pMsg->lParam = lParam;

        pMsgQueue->wndMailBox.iWritePos ++;
        if(pMsgQueue->wndMailBox.iWritePos >= SIZE_WND_MAILBOX)
            pMsgQueue->wndMailBox.iWritePos = 0;
        pMsgQueue->dwState | = QS_POSTMSG;
    }
    pthread_mutex_unlock(&pMsgQueue->mutex);
    sem_getvalue(&pMsgQueue->sem, &sem_value);
    if(sem_value == 0)
        sem_post(&pMsgQueue->sem);
    return true;
}
```

PostMessage 函数的执行过程是这样的：
- 根据参数 hWnd 即消息发送目的窗口的句柄，得到目的窗口的消息队列指针；
- 锁定消息队列；
- 操作目的窗口的消息队列，在其中复制消息；
- 解锁消息队列；

- 获取信号量当前值,如果值等于零,则调用 sem_post 使得信号量的值增加 1,如果目的窗口的消息队列中除了新增加的这个消息外没有其他消息,则目的窗口的消息处理线程必然睡眠在这个信号量上,发送消息的线程调用 sem_post 时,目的窗口消息处理线程会被唤醒,继续处理消息。

(2) GetMessage 函数

GetMessage 函数用于从消息队列中取得一个消息。一个窗口可能会有一个单独的线程在不停地获取发送到这个窗口的消息,然后再处理消息,而获取消息就是通过 GetMessage 实现的。

由于 LGUI 中消息种类多,为简单起见,下面只列出获取邮寄消息的代码,对于通知消息的处理是类似的。而同步消息在后面单独说明。

```c
BOOL GUIAPI GetMessage(PMSG pMsg, HWND hWnd)
{
    int slot;
    PNtfMsgLink pHead;
    PMsgQueue pMsgQueue;
    pMsgQueue = GetMsgQueue(hWnd);
    memset(pMsg,0,sizeof(MSG));

loop:
    if(pMsgQueue->dwState & QS_QUITMSG){
        //是否是退出消息
        pMsg->hWnd = hWnd;
        pMsg->message = LMSG_QUIT;
        pMsg->wParam = pMsg->lParam = 0;
        ExitWindow(hWnd);
        return 0;
    }
    if (pMsgQueue->dwState & QS_TIMER) {
        //timer 消息
        ……
    }

    if (pMsgQueue->dwState & QS_SYNCMSG) {
        //同步消息
        ……
    }
    if (pMsgQueue->dwState & QS_NOTIFYMSG) {
```

```
        //通知消息
        ......
    }
    if(pMsgQueue->dwState &QS_POSTMSG){
        pthread_mutex_lock (&pMsgQueue->mutex);
        if(pMsgQueue->wndMailBox.iReadPos ! =
    pMsgQueue->wndMailBox.iWritePos){
        memcpy(pMsg,     &pMsgQueue->wndMailBox.msg[
          pMsgQueue->wndMailBox.iReadPos],    sizeof(MSG));
            pMsgQueue->wndMailBox.iReadPos ++ ;
            if (pMsgQueue->wndMailBox.iReadPos = =
                SIZE_WND_MAILBOX)
                pMsgQueue->wndMailBox.iReadPos = 0;
            pthread_mutex_unlock (&pMsgQueue->mutex);
            return 1;
        }
        else{
            pMsgQueue->dwState & = ~QS_POSTMSG;
        }
        pthread_mutex_unlock (&pMsgQueue->mutex);
    }

    if (pMsgQueue->dwState & QS_PAINTMSG) {
        //绘制消息
        ......
    }
    sem_wait (&pMsgQueue->sem);
    goto loop;
    return 1;
}
```

如果读者了解 Win32 应用程序的开发模式,肯定会熟悉下面这个调用模式:

```
while (GetMessage(&msg,hWnd)){
    TranslateMessage(&msg);
    DispatchMessage(&msg);
}
```

在 Win32 程序里,主程序启动后,首先注册窗口类,然后通过调用 CreateWindow 创建窗口,再通过 ShowWindow 显示窗口,然后便进入消息循环,获取消息,分发消息并处理消息。LGUI 与这个过程是非常类似的。对于一个应用进程的主窗口而言,系统初始化工作以后也会进入消息循环,GetMessage,DispatchMessage。而一个应用进程子窗口也有类似的操作。

在 GetMessage 函数调用中,对于现在正在说明的 PostMessage 而言,如果队列里有消息,就会返回消息;否则,调用 GetMessage 函数的线程就会因为调用 sem_wait 而挂起,直到其他线程通过 PostMessage 调用 sem_post 唤醒这个线程。

从上面的代码可以看到,LGUI 是使用信号量来控制消息的传递,从而实现线程同步的。但信号量作为一个整数值,在这里的控制并不是精确的。所谓精确的是指:由发送者发送一个消息后,信号量加 1;由获取者获取一个消息后,信号量减 1,信号量减为零时获取消息者阻塞等待消息。在这种情况下,信号量实际上代表当前有多少个可供处理的消息;而在 LGUI 实现的消息队列里,发送消息者在发送消息后会去探测信号量的值,只有其值等于零时,才会为信号量加 1。而获取消息者在获取到一个消息后并不为信号量减 1,只有当消息队列为空,没有消息可获取时,才将信号量减 1,使得获取消息者处于阻塞等待状态。所以实际上信号量的值要么为零,要么为 1,这是使用信号量的一个特例。一般情况下,信号量用来表示可供使用的"某种资源"的精确数量。这就是通常所说的生产者/消费者问题。信号量代表当前有多少个可供消费的产品,生产者生产出一个产品后将信号量值加 1,消费者在消费一个产品后将信号量值减 1,当信号量值等于零时,表示当前没有可供消费的产品,则消费处于阻塞状态。

(3)同步消息

同步消息是指发送消息的线程只有等到消息被目标窗口的消息处理线程处理后才能继续执行,在此之前,发送消息的线程处于阻塞等待状态。

实现同步消息的方法是这样的:同步消息的消息体中有一个信号量,发送者生成某个消息时,初始化消息体中的信号量,发送该消息到目标窗口消息队列,若必要,则唤醒目标窗口消息处理线程,然后发送消息的线程通过调用 sem_wait 睡眠在这个信号量上。目标窗口消息处理线程在完成这个消息的处理后,再通过对消息体内的信号量的操作,唤醒发送线程继续其工作。有时对一些特定消息的处理顺序有要求,就需要通过同步消息实现。

同步消息结构体定义如下:

```
typedef struct _SyncMsgLink
{
    MSG         msg;
    int         iRetValue;
    sem_t       sem;
    struct _SyncMsgLink * pNext;
} SyncMsgLink;
typedef SyncMsgLink * PSyncMsgLink;
```

PostSyncMessage,发送同步消息:

```
int PostSyncMessage(HWND hWnd, int msg,
```

```
    WPARAM wParam, LPARAM lParam)
{
    PMsgQueue pMsgQueue;
    SyncMsgLink    syncMsgLink;
    int sem_value;
    if(!(pMsgQueue == GetMsgQueue(hWnd)))        //获取消息队列指针
        return -1;
    pthread_mutex_lock(&pMsgQueue->mutex);
    //为消息体赋值
    syncMsgLink.msg.hWnd = hWnd;
    syncMsgLink.msg.message = msg;
    syncMsgLink.msg.wParam = wParam;
    syncMsgLink.msg.lParam = lParam;
    syncMsgLink.pNext = NULL;
    sem_init(&syncMsgLink.sem,0,0);              //初始化消息体内信号量

    //加入到目标窗口的同步消息队列链表中
    if(pMsgQueue->pHeadSyncMsg == NULL){
        pMsgQueue->pHeadSyncMsg
            = pMsgQueue->pTailSyncMsg = &syncMsgLink;
    }
    else{
        pMsgQueue->pTailSyncMsg->pNext = &syncMsgLink;
        pMsgQueue->pTailSyncMsg = &syncMsgLink;
    }

    pMsgQueue->dwState |= QS_SYNCMSG;
    pthread_mutex_unlock(&pMsgQueue->mutex);
    sem_getvalue(&pMsgQueue->sem, &sem_value);
    //如果目标窗口消息处理处于阻塞状态,则唤醒目标窗口消息处理线程
    if(sem_value == 0)
        sem_post(&pMsgQueue->sem);
    sem_wait(&syncMsgLink.sem);                  //当前线程睡眠在这个信号量上
    sem_destroy(&syncMsgLink.sem);
    return syncMsgLink.iRetValue;
}
BOOL GUIAPI GetMessage(PMSG pMsg, HWND hWnd)
{
    ......
```

```
        if (pMsgQueue->dwState & QS_SYNCMSG) {
            pthread_mutex_lock (&pMsgQueue->mutex);
            if (pMsgQueue->pHeadSyncMsg) {
                memcpy(pMsg,
                    &pMsgQueue->pHeadSyncMsg->msg, sizeof(MSG));
                pMsg->pData = (void *)(pMsgQueue->pHeadSyncMsg);
                pMsgQueue->pHeadSyncMsg
                    = pMsgQueue->pHeadSyncMsg->pNext;
                pthread_mutex_unlock (&pMsgQueue->mutex);
                return 1;
            }
            else
                pMsgQueue->dwState &= ~QS_SYNCMSG;
            pthread_mutex_unlock (&pMsgQueue->mutex);
        }
    }
```

GetMessage 函数在处理同步消息时,把消息内容作为附加数据附加到消息的 pData 指针上。这样 DispatchMessage 在处理完这个同步消息时,就可以操作消息体中的信号量,以唤醒等待的发送线程。

```
    int GUIAPI DispatchMessage(PMSG pMsg)
    {
        ……
        if (pMsg->pData){
            pSyncMsgLink = (PSyncMsgLink)pMsg->pData;
            pSyncMsgLink->iRetValue = (*WndProc)
                (pMsg->hWnd, pMsg->message, pMsg->wParam, pMsg->lParam);
            //sem_post 唤醒发送线程
            sem_post(&pSyncMsgLink->sem);
            return pSyncMsgLink->iRetValue;
        }
        ……
    }
```

3.2.7 第三方函数库

在完成一个系统时,有时不可避免要使用第三方提供的函数库,如果第三方函数库没有考虑线程安全问题,在多线程环境中调用会面临一些问题。首先,函数库内部可能使用了一些全局变量,其次,如果函数库没有使用选项_REENTRANT 编译,还存在 errno 的问题。如下面的代码所示：

```
rc = recv(socket,buf,1024);
if (rc = = 1 && errno = = EAGAIN){
    //……
}
```

这是一个 socket 通信的代码，通过全局的 errno 判断是否发生了错误，但如果当前有多个线程都在处理 socket 连接，则 errno 的值可能会由多个线程同时修改，则当前 errno 值会发生错误。

处理这个问题的办法就是在编译函数库时加入 –D_REENTRANT 选项，这样每个线程会保存一个单独的 errno。对于调用者而言，不同线程中获取的 errno 即代表当前确定的错误状态。

但是，因为调用第三方提供的函数库时，可能并不确定编译者是否使用了这样的选项，所以在多线程环境中就会面临问题。

可以通过以下办法来调用非线程安全的函数库：

只在一个线程中使用这个函数库。这种方法可以保证此函数库中的函数不会在两个不同的线程中同时被执行。问题是这种方法可能影响用户对整个程序的设计，并且在另一个线程不得不使用这一函数库中的函数时增加线程间额外的通信。

使用互斥量保护对此函数库中函数的调用。对线程用到的此函数库中的每一个函数使用一个单独的互斥量。互斥量锁定，执行函数，互斥量解锁。这种解决方法的问题是，锁定并不能精确实现。即使函数库中的两个函数彼此没有相互影响，它们也不能在不同线程中同时使用。第二个线程将因互斥量被锁定而挂起，直到第一个线程完成函数调用。用户虽然可以对不相关的函数调用使用不同的互斥量，但是用户通常不会特别了解函数库的工作方法，所以对哪些函数使用了同一资源也不可能很清楚。即使用户知道这些，函数库的新版本可能又有了改变，这会迫使用户修改整个锁定系统。

所以，使用非线程安全的函数库会面临很多问题。有些使用者在不了解线程安全的情况下提供的函数库在多线程调用时会出现很多不确定的错误，其原因就是全局变量或结构体没有通过互斥保护，或没有使用 –D_REENTRANT 选项编译而引起 errno 问题。因此，建议在可能的情况下尽量使用线程安全的函数库。

3.3 FrameBuffer 编程简介

不管 FrameBuffer 本身的实现有多复杂，基于 FrameBuffer 的编程是简单明了的。之所以在本书中有一个单独的单元介绍 FrameBuffer，是想通过 LGUI 介绍窗口系统的实现，而 LGUI 正是基于 FrameBuffer 来实现窗口的输出。

FrameBuffer 是对图形设备的一种抽象,它把显示设备描绘成一个缓冲区,允许应用通过 FrameBuffer 接口直接访问显示设备,这样应用也就不需要关心具体的硬件细节了。

为了使用 FrameBuffer,在编译内核时需要设定支持 FrameBuffer,FrameBuffer 的设备节点是/dev/fb*。

LGUI 中通过以下代码初始化 FrameBuffer。

```
static struct fb_fix_screeninfo _lGUI_fInfo;
static struct fb_var_screeninfo _lGUI_vInfo;
BOOL InitFrameBuffer()
{
    //打开设备
    _lGUI_iFrameBuffer = open ("/dev/fb0", O_RDWR);
    if(!_lGUI_iFrameBuffer){
        printerror("open framebuffer return error.");
        return FALSE;
    }
    //获取当前 FrameBuffer 的动态设置
    ioctl (_lGUI_iFrameBuffer, FBIOGET_VSCREENINFO, &_lGUI_vInfo);
    _lGUI_iFrameHeight = _lGUI_vInfo.yres;
    _lGUI_iFrameWidth = _lGUI_vInfo.xres;
    _lGUI_iLineSize = _lGUI_vInfo.xres * _lGUI_vInfo.bits_per_pixel / 8;
    _lGUI_iBufferSize = _lGUI_iLineSize * _lGUI_vInfo.yres;
    _lGUI_vInfo.xoffset = 0;
    _lGUI_vInfo.yoffset = 0;
    ioctl (_lGUI_iFrameBuffer, FBIOPAN_DISPLAY, &_lGUI_vInfo);
    //获取显示指针
    _lGUI_pFrameBuffer = mmap (NULL, _lGUI_iBufferSize,
PROT_READ | PROT_WRITE, MAP_SHARED, _lGUI_iFrameBuffer, 0);
    if(!_lGUI_pFrameBuffer){
        printerror("mmap return error.");
        return false;
    }
    _lGUI_iBytesPerPixel = _lGUI_vInfo.bits_per_pixel / 8;
    if (_lGUI_iBytesPerPixel == 3)
        _lGUI_iBytesDataType = 4;
    else
        _lGUI_iBytesDataType = _lGUI_iBytesPerPixel;
    return true;
```

}

有关 FrameBuffer 的重要数据结构:

Struct fb_fix_screeninfo:记录了帧缓冲设备和指定显示模式的不可修改信息。它包含了屏幕缓冲区的物理地址和长度。

Struct fb_var_screeninfo:记录了帧缓冲设备和指定显示模式的可修改信息。它包括显示屏幕的分辨率、每个像素的比特数和一些时序变量。其中变量 xres 定义了屏幕一行所占的像素数,yres 定义了屏幕一列所占的像素数,bits_per_pixel 定义了每个像素用多少个位来表示。

初始化 FrameBuffer 之后,就可得到一个指向显示缓冲区的指针,通过对这个指针所指内存区域的操作,就可在屏幕上显示图形文字。

LGUI 读/写像素点函数:

```c
void inline lGUI_SetPixel_Direct(int x, int y, COLORREF color)
{
    unsigned char * pDest;
    pDest = _lGUI_pFrameBuffer +
_lGUI_iLineSize * y + (x * _lGUI_iBytesPerPixel);
    if(_lGUI_iBytesPerPixel == 3){
        * pDest = B(color);
        * (pDest + 1) = G(color);
        * (pDest + 2) = R(color);
    }
    else
        * ((PCOLORREF)pDest) = color;
}
COLORREF inline lGUI_GetPixel_Direct(int x, int y)
{
    unsigned char * pDest;
    COLORREF crColor;
    pDest = _lGUI_pFrameBuffer +
_lGUI_iLineSize * y + (x * _lGUI_iBytesPerPixel);
    if(_lGUI_iBytesPerPixel == 3)
        crColor = 0xff000000 | RGB( * (pDest + 2), * (pDest + 1), * pDest);
    else
        crColor = * ((PCOLORREF)pDest);
    return crColor;
}
```

可见,如果要在屏幕某一个位置显示某种颜色的点,只需要在这个位置对应的地址上写入色彩值;如果要取得屏幕某一个位置的色彩,也只需要取得这个位置对应内存地址的值。

由于色彩深度不同,对于 FrameBuffer 的操作也有所不同。常用的色彩定义有 32 bit,24 bit,16 bit,8 bit。分别对应字节数为:4,3,2,1。

下面分别将不同色彩深度单个像素色彩的表示作一说明(由于驱动实现不同,可能字节顺序会有不同)。

一般而言,如果色彩深度定义为四个字节,则表示规则如下:

Alpha值	R值	G值	B值
第一字节	第二字节	第三字节	第四字节

其中,第一个字节表示 Alpha 值,即透明度;第二个字节表示 Red 红色值;第三个字节表示 Green 绿色值;第四个字节表示 Blue 蓝色值。

色彩深度定义为三个字节时,表示规则如下:

R值	G值	B值
第一字节	第二字节	第三字节

第一、二、三个字节分别表示 Red 红色值、Green 绿色值、Blue 蓝色值。

色彩深度定义为两个字节时,表示规则如下:

R值(5bit)	G值(6bit)	B值(5bit)
第一字节		第二字节

这种情况下,因为两个字节表示三种颜色值,所以需要跨字节表示。

其中,用第一字节的高五位表示 Red 红色值;用第一字节的低三位与第二字节的高三位表示 Green 绿色值;用第二字节的低五位表示 Blue 蓝色值。

对于色彩深度定义为一个字节时,即屏幕只支持同时显示 256 色的情况,一般需要通过调色板来定义当前屏幕显示的颜色值。例如,一个 FrameBuffer 区域的定义如图 3-2 所示。

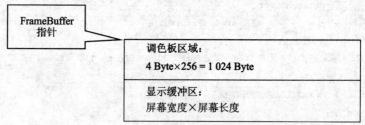

图 3-2 FrameBuffer 示意图

显示缓冲区的大小就是屏幕宽度×屏幕长度。每一个值为调色板区域的索引值,通过这个索引从调色板中得到对应的真实色彩,然后在屏幕上显示。

处于应用开发基础层面的软件,一般应该对其依赖的下层软硬件平台有一定的适应性。而由于GUI侧重于图形输出的窗口管理,所以应该至少对色彩深度与屏幕大小有一定的适应能力。在LGUI里采用宏定义来控制色彩深度与屏幕大小。这种方法虽然有一定的适应能力,但不同的环境需要重新编译,这种适应的层面是比较低等级的适应。这一点LGUI实现并不好,应该在程序代码里通过获取这些环境参数做到自适应。

第4章

基本体系结构

4.1 基础知识

4.1.1 嵌入式 Linux 的 GUI 到底有什么用

前面讲了 GUI 在嵌入式 Linux 系统中所处的位置,讲了现在常用的一些 GUI 系统及其特点,但是初入门的开发者对 GUI 到底是什么还没有直观的认识,通常情况下,他们问到的第一个问题就是:GUI 到底有什么用?

人们知道,Windows 启动以后会有一个桌面环境,上面会有工具栏,桌面上会有一些与应用程序相关的图标,双击其中一个图标,就会启动一个对应的程序,这个程序启动后,通常会出现对应的窗口,在窗口中可以显示程序运行的状态、程序的输出等。

Linux 启动以后,会进入一个命令行状态,通过输入命令调用系统中提供的程序或编写的程序来完成某种任务。而使用 GUI 的目的,就是使嵌入式 Linux 系统启动以后,进入一个类似于桌面的环境,在这个易于操作的环境中与系统进行交互。例如当手机启动后,人们希望看到的是一个易于操作的图形界面,而不是一个需要高超的专业水平才能操作的命令行界面。

更为关键的是,GUI 系统应该提供一个二次开发的模式、支持二次开发的 API 函数集,使得可以方便地开发应用程序,而不必对 GUI 整体的体系结构了如指掌。就像 Windows API 编程一样,可能很多 Windows API 程序的开发人员并不了解 Windows 内部窗口之间是如何管理的,但这并不影响他使用 Windows API 编出漂亮的图形界面。与此类似,一般在嵌入式 Linux GUI 中,也提供了二次开发的 API 函数集以及二次开发的模式。开发人员在不了解 GUI 体系结构、内核部分功能以及处理方法的情况下,根据 GUI 的 API 函数接口以及二次开发模式,完全可以开发出应用程序。

在这样一个前提下,如果要构建嵌入式图形界面,可以先构建自己的 GUI 环境,包括一个小型的可定制风格的桌面环境,然后提供支持二次开发的开发工具——API 函数集与应用程序的模式,应用层的开发人员就可以轻松进行上层软件的开发了。这就是构建自己的 GUI 环境的最终目的,即实现快速的、统一结构的应用程序开发模式,加速嵌入式 Linux 项目的实施。

相反,如果GUI层没有统一的接口与标准,那么对于应用开发人员就会有很高的要求,他必须非常了解系统的整体结构,否则无法开发出应用层的软件;或者还要因为时刻关注于用户界面的内容,而无法将更多的精力集中于程序逻辑,导致项目无法顺利进行。同时,还会面临一个问题,那就是所有应用层的程序其结构百花齐放,为后续的集成、维护带来困难。

所以,此后的章节就是在了解了Linux高级编程(主要指多进程、多线程编程)的前提下,学习如何构建属于自己的面向嵌入式Linux的GUI环境,相信这会给读者带来很大帮助。而在描述过程中,就以LGUI作为例子,这样在阅读的过程中,可以随时浏览相关代码,对整个系统有更深入的了解。

4.1.2 如何定义基本体系结构

总体而言,LGUI示例代码实现了一个多进程、多线程支持的客户机/服务器系统。

其中多进程是指,当LGUI启动后,直观特征是一个桌面环境显示在屏幕上(如Windows一样),实际上是启动了一个服务器端进程。为什么说是服务器端进程呢?因为从这个进程在整个系统中所担负的角色来看,它是为其他应用程序所对应的进程服务的。相应的,其他应用程序所对应的进程即可以称为客户机进程。LGUI的特点是多个客户机进程可以同时存在,系统自动维护各个进程之间的窗口关系,所以这就构成一种多对一的客户机/服务器模式。在后面的讲述中,将服务器进程称为桌面进程,将应用程序对应的进程称为应用进程。

在嵌入式系统中,如何保证系统在资源受限的情况下稳定高效运行是至关重要的,客户机/服务器模式是系统的总体模式,而客户端向服务器端发送什么,服务器端如何处理,服务器端向客户端响应什么,这些设计细节对系统性能有决定性的影响。

因为任何一个客户机进程并不知道当前其他进程的信息,所以它在进行输出时便无法兼顾其他进程。在这种情况下直接对屏幕进行输出,势必会影响或破坏其他窗口的框架。但是另一方面,如果所有客户机进程对于屏幕的输出全部发送到服务器进程,则系统的效率会大打折扣。

LGUI在这方面做了一些努力,想了一些办法:客户机进程并不是将输出请求发送到服务器端,由服务器端完成输出,而只将必要的信息发送到服务器端,实际对屏幕的输出都由自己维护,这在很大程度上减少了进程之间数据的传递,减少了系统的资源消耗,从而在很大程度上提高了系统的性能。

4.1.3 为什么用客户机/服务器结构

为什么用客户机/服务器结构?为什么不让所有进程都互相平等,而要分出服务器进程与客户机进程?从根本上讲,这是为了维护窗口剪切的需要。

假如两个程序同时启动了,那么就是两个不同的进程,这两个进程分别要做不同的事情,分别要在屏幕上进行输出。两个进程可能要完成完全不同的功能,相互之间不可能事先"通个气",告诉对方"我"在屏幕的什么位置输出信息。这必然会导致两个程序互相竞争屏幕资源,结果会是:屏幕上出现一些乱七八糟的内容,而人们无法了解两个进程分别要"说什么"。这个情形可以用开会来比喻,比如召集一个技术部的技术讨论会,一上来大家就各说各的话,每个人都认为自己说的没有问题,但一个旁观者根本听不到任何有用的信息。这时候就需要一个"技术部经理"出来说话,他来协调每个人发言的时间,以便每个人表达的信息都能为别人所了解。那么这个协调与被协调的关系算不算是一个客户机/服务器结构呢?一般意义上讲应该说不算,因为所谓客户机/服务器结构应该是:客户机发出请求,服务器进行处理,并将处理的结果返回到客户机。技术部开会的时候并不是每个工程师发请求到技术部经理,由技术部经理完成处理后返回信息到工程师。在这个系统中,技术部经理只是一个协调者的角色,而不是服务者的角色,所以并不是通常意义上讲的客户机/服务器结构。但是另一方面,客户端有胖瘦之分,客户端要求服务器端处理的事情可能很复杂,也可能很简单。在很复杂的情况下,客户端很少自己做事情,大部分事情都由服务器端完成;相反,客户端可能要求服务器做很少的事情,大部分事情由自己完成。无论何种情况,它们之间有一个请求与被请求的关系、协调与被协调的关系。所以,在这里不必过多讨论这是不是严格意义上的客户机/服务器结构,姑且认为协调者的角色就是服务器,被协调者的角色就是客户机。

在多个进程同时运行的情况下,任何一个进程在对屏幕进行输出的时候,都需要了解当前屏幕上的哪些区域是可以输出的,哪些区域是不可以输出的。具体实现的时候,有两种方法:一是所有的输出都由一个服务进程来完成,由这个服务进程来确定当前对于哪些屏幕区域的输出请求是允许的,哪些是不允许的,这样就避免了多个进程对于屏幕区域的竞争;另一种方法就是其他进程只从服务进程那里请求并得到允许输出的区域,而具体的输出操作由自己完成。前一种方法面临的问题是需要在进程之间不停地传递大量数据。不同进程之间除非通过IPC,否则因为不同的进程空间不允许互相访问数据,大块的数据需要在进程之间传递,这是非常耗费资源的操作,这在嵌入式环境中更是不可取的。而后一种方法需要输出的进程只请求允许输出的屏幕区域,输出的操作由进程自己完成,相对而言,效率会有很大提高。而LGUI就是采取了这种方式。

4.1.4 为什么要多进程

从 GUI 的角度讲,多进程实际上是多个进程对于屏幕的输出管理。如果有很多进程在同时运行,但并没有屏幕输出的要求,就谈不上多进程的管理。

LGUI 是一个支持多进程、多线程的客户机/服务器系统。为什么要多进程?单个进程不是更简单吗?

当然,并不是所有的嵌入式环境都要求多个进程同时运行,或者同时要求进行屏幕输出。例如,一个机顶盒的 GUI 系统,就不会这样复杂。但在一些复杂的嵌入式环境中,多进程是必需的,例如 PDA 等。不能要求用户在 PDA 中添加一项功能,就重新将系统编译一下。

LGUI 的体系结构是支持多进程的,但如果只想构建一个简单的单进程系统,那么在了解了这些相关的内容后,就可以自己裁减 LGUI 的功能,从而构建一个自己的 GUI 系统。了解多进程的体系结构,对于构建自己的系统是有帮助的。

4.1.5 为什么要多线程

从前面的内容可以看到,线程是一种轻量级的进程,是进程内的进程,即一个进程内可以有多个线程同时运行,线程之间可以共享数据。在多 CPU 的系统中,多个线程可能分别在不同的 CPU 上运行;在单 CPU 系统中,多个线程会分时占用 CPU 时间片。

将程序设计成多线程的系统,有两个方面的原因:一是多线程可以更大程度上发挥 CPU 的效率,使程序运行更快;另一方面是程序逻辑的需要,有时复杂的系统可能需要多个程序逻辑并行,并要求实现同步。例如在 LGUI 中,一个应用程序启动后每个显示的窗口都会对应一个线程,这个线程的主要作用就是进行消息队列的循环处理,即查看消息队列中是否有需要处理的消息,如果没有消息,就会进入睡眠状态。但这个线程的阻塞并不影响其他窗口接收、处理消息,而且阻塞的线程在收到消息后会自动激活并处理消息。如果将系统设计成单一线程,那么一个耗时的操作就会阻塞其他所有操作。所以说除了效率的问题,单一线程对于某些特定的程序逻辑也是无法支持的。

4.2 体系结构综述

4.2.1 客户机与服务器之间的通信通道

首先,客户机与服务器之间的连接是通过 Domain Socket 来实现的。Domain Socket 是 Linux/Unix 系统中进程之间通信的一种手段,Domain Socket 的接口与 TCP/IP Socket 通信的接口非常类似。

在服务器端,针对每一个客户端的连接请求都会单独创建一个 Socket,并通过这个 Socket 与客户端单独进行通信,也就是说,服务器与每个客户端都是使用单独的"通道"传递数据,从而使得任何一个客户端都不会"干扰"其他客户端与服务器端的交互。

客户机/服务器 Domain Socket 连接示意图如图 4-1 所示。

这种结构使得系统稳定性更好。首先,服务器与客户机在不同的进程空间中运行,由于进程具有独立的地址空间,客户机进程出现问题不会导致服务器进程的崩溃;其次,任何一个客户机进程出现问题也不会波及其他进程;最后,不论客户机进程正常关闭或不正常关闭,服务器进程总会收到一个关闭 Socket 的消息,于是服务器进程可以在这个消息处理过程中将对应的客户机进程占有的资源进行清理。

从图 4-1 中还可以看到,在服务器端保存有一个应用描述的链表。当前系统中运行的所有

第4章 基本体系结构

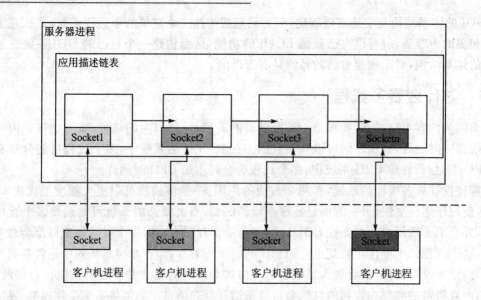

图 4-1 客户机/服务器 Domain Socket 连接示意图

应用进程,在服务器端(桌面进程)会有一个对应的描述节点,多个节点构成一个链表。每个描述节点中包括有应用进程的名称,应用进程的进程 ID,应用进程主窗口的边界矩形(这个数据是非常重要的,是桌面进程维护多进程窗口输出的基本依据,在后面的章节中会详细讨论这个问题)。

这个链表是如何形成的?

桌面进程(服务器进程)启动后,首先会启动一个线程专门用于侦听应用进程(客户机进程)的连接请求,而每个应用进程启动后的第一件事也是首先向桌面进程发出连接请求,只有连接到桌面进程,应用进程的启动才能继续下去。当桌面进程侦听到应用进程的一个连接请求后,就会接收这个请求并建立一个新的 Domain Socket 连接,然后创建一个新的线程来读取发送到这个 Socket 端口的数据。这样做的目的就是防止某一个应用进程的崩溃波及其他进程。例如,当某一个应用进程出错退出后,桌面进程会收到一个 Socket 的关闭或出错消息,在对这个消息的处理过程中,桌面进程就可以关闭对应的 Socket 并销毁线程、刷新该进程主窗口占用的屏幕并释放进程描述信息等资源。

当应用进程启动以后,也会创建一个单独的线程循环读取桌面发送到 Socket 端口的数据,并将读到的消息发送到主窗口的消息队列中去。

那为什么要建立这么多的线程?建立线程当然也会消耗系统资源,但应该注意的是:对于 Socket 的读是一种阻塞读,即在没有数据到达的情况下,线程会被阻塞在这个地方,只有当数据到达后,线程才会被唤醒。这样的话,线程消耗的资源便是有限的。相反情况,如果不建立这些线程,对于应用进程来说,对于消息的响应可能会变得比较迟缓;而对于桌面进程来讲,除了对于消息的响应会出现与应用进程的同样情形以外,应用进程的错误很可能会波及桌面进程,导致桌面进程不能再响应其他进程的消息。

GUI 多线程 Domain Socket 连接示意图如图 4-2 所示。

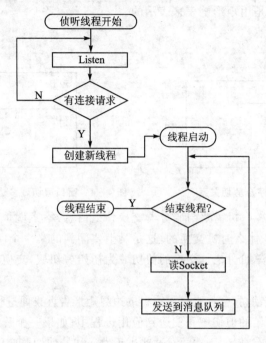

图 4-2 GUI 多线程 Domain Socket 连接过程示意图

4.2.2 客户机需要与服务器交换什么信息

前面提到,客户机/服务器模式是系统的总体模式,但客户机向服务器提出什么请求,服务器如何响应客户机的请求,服务器如何把请求的结果回传给客户机,也就是说客户机与服务器之间交换什么信息,这是系统总体模式的核心问题。

要回答这个问题,就要有"剪切域"的概念,这个概念在后面的章节里会详细讲述。在这里,为了说明客户机/服务器之间交换信息的内容,必须要对"剪切域"这个概念提前介绍一下。

假设当前有两个窗口,其中 A 窗口在下面,B 窗口在上面,所谓在上面是指离观察者更近,如果两个窗口有重叠,则在上面的窗口会覆盖下面窗口的内容。一般用"Z 序"来表示窗口的上下关系,如果 Z 序值小,则在下面,反之,则在上面。窗口的 Z 序及剪切关系如图 4-3 所示。

因为 A 窗口在下面,那么这个窗口区域里被 B 窗口所覆盖的部分 A 窗口就不能进行输出,否则就会破坏 B 窗口中的内容。那么 A 窗口中哪些区域是可以输出的呢? 这就是剪切域的概念:一个窗口中可以输出的有效区域总和称为这个窗口的剪切域。

从图 4-3 中可以看出,A 窗口被 B 窗口剪切以后,其有效区域是一个多边形,在 LGUI

中,这个多边形是通过多个矩形组成的链表来表示的。如图 4-4 所示,A 窗口的剪切域分成了两个矩形,也就是说,对于 A 窗口来说,这两个矩形范围是可以输出的有效范围。在 LGUI 里,一个窗口的剪切域正是用矩形链表来表示的。

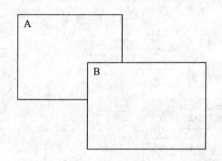

图 4-3 窗口的 Z 序及剪切关系

图 4-4 窗口剪切域多边形由多个矩形组成

回到本小节的题目:客户机需要与服务器交换什么信息,答案就是剪切域。那么窗口的剪切域,是如何交换的,是在什么时机交换的,这是马上要问到的又一个问题。

先说出答案,然后再详细讨论。交换的剪切域为初始剪切域,交换的时机是每一个应用进程初始启动的时候。

任何一个应用程序启动时,会将自己主窗口的边界矩形告诉桌面进程,桌面进程根据当前所有进程的情况计算一个初始的剪切域并发送到应用进程中;如果一个程序启动时其主窗口与当前已经运行的进程主窗口有交叉,则需要对这些进程发送初始剪切域变化消息,各进程在接到这个消息后重新计算其内部窗口的剪切域;同样,如果不同进程主窗口在屏幕上的 Z 序发生了变化,桌面进程也要计算受到影响的进程的初始剪切域,并将计算结果发送到相应进程中去。

当收到其有效的初始剪切域后,各进程就知道这个剪切域范围就是它可以进行输出的区域,除此之外的区域就是不允许输出的区域。各进程根据这个要求进行输出,就不会破坏屏幕上其他进程的输出,大家都便可确保相安无事,相互之间不会发生冲突。

前面讨论过多进程的效率问题,那么如果所有进程只是在第一次启动时与桌面进程进行一次交互,并在其他进程启动的时候被动地更新一次自身的剪切域。此后的操作都与桌面进程无关,与其他进程也没有关系。那么可以说,进程之间交互的数据是非常有限的,在这种情况下,效率就会有大幅度的提升。LGUI 正是采取了这种措施,使得其效率在支持多进程的情况下依然能得到保证。

在这里有一个潜在的限制条件,即应用进程启动时传递到桌面进程的主窗口边界矩形必须是这个进程中所有窗口边界矩形的交集,即进程内其他所有窗口边界矩形都完全包含在主窗口边界矩形之内,这样才能保证初始剪切域对于每个进程是有效的。作者认为,在嵌入式环境中,这种限制是可以忍受的,以这种限制换来性能的提升是值得的。

4.2.3 服务器对客户机进程的管理

服务器进程用一个链表来表示当前与其连接的所有客户机进程的信息,链表中的一个节点表示一个当前与服务器相连的客户机进程。其结构如下:

```
typedef struct taglGUIAppStat{
char            pAppName[256];      //应用名称
    RECT            rc;             //应用主窗口位置
    PClipRegion     pClipRgn;       //主窗口剪切域
    BOOL            bVisible;       //是否可视
    int             fdSocket;       //Socket 描述符
    pthread_t       tdSocket;       //Socket 线程 ID
} lGUIAppStat;
```

客户端与服务器端之间发送的消息及发送消息的时机包括以下几个方面:
① 客户端创建主窗口时,向服务器端发送消息:LMSG_IPC_CREATEAPP。
② 客户端进程启动时,首先要与服务器端建立 Domain Socket 连接,连接建立以后,就会发送创建应用消息到服务器端。该消息的附加数据为客户机进程的描述,主要包括两项内容:一是客户机进程的进程号(PID);二是主窗口的矩形边界。
③ 服务器端保存有客户端信息的一个列表,收到客户端的创建消息后,将消息进行解析,然后在列表中增加一个节点。
④ 客户端显示主窗口时,向服务器端发送消息 LMSG_IPC_SHOWMAINWIN。
客户端程序要求按 Win32 的程序格式书写,所以一般的格式如下:

```
CreateWindow(……);
ShowWindow(……);
UpdateWindow(……);
While(1){
    //消息循环体,取消息,分发消息
}
```

客户端发送的第二个消息就是显示窗口。但显示窗口的功能并不是由服务器进程来完成,因为显示窗口的过程中包括窗口客户区的绘制代码,而服务器进程并不知道应该怎样完成客户端主窗口的显示。客户端发送显示窗口消息到服务器进程的目的只是为了通知服务器:当前主窗口对应的区域将成为这个客户机进程的显示区域,以便服务器进程再通知其他的应用进程应该怎么改变剪切域。

服务器端在得到客户端要求输出主窗口的请求后,首先根据得到的"需要输出的窗口区域",生成一个初始剪切域,并将这个初始剪切域作为响应消息的附加数据,传送到客户端。客户端在得到这个响应消息后,会复制这个初始的剪切域,并进行窗口的输出。

新建立的应用程序,其主窗口总在最上面,那为什么还会有初始的剪切域需要进行计算呢?如果在最上面,那初始的剪切域不就是窗口的外部框架吗?原因是这样的:因为桌面上的系统状态栏、软键盘、开始菜单、输入法窗口等永远都在所有应用窗口的最上面,所以无论应用窗口的Z序大小如何,首先必须接受这几个窗口的剪切,否则,应用窗口的输出将会破坏桌面上状态栏等窗口的框架。

这里有一个潜在的问题,即服务器端在回复客户端同意其输出主窗口并将初始剪切域发送到客户端之前,将会对当前启动的所有的客户机进程重新计算剪切域,并将新的剪切域发送到相应的客户机进程中去,但是,为了避免系统过于复杂,服务器端并没有等待其他客户机进程发回确认消息后再给准备输出主窗口的新启动进程发送确认消息,由于进程执行的不确定性,这有可能使新窗口的输出,在其他客户机进程因为没有来得及改变剪切域而碰巧有输出的情况下被破坏。

这个问题其实解决起来并没有太大的难度,进程之间的互斥量就可以解决这个问题。实际上一个客户机进程准备输出主窗口时发送请求到服务器端后,就会锁定一个互斥量,而由服务器通过解锁互斥量来激活等待的客户机进程。但是通过这种方式来解决上面提到的"潜在的问题",则有可能引发另外一个"潜在的问题",即如果服务器等待其他客户机程序发回确认消息后再将确认消息发送到请求输出主窗口的客户机程序时,恰巧某一个客户机程序崩溃了,则系统将会一直处于挂起状态,而不能继续运行了。权衡利弊,因为"由于其他客户机进程因为没来得及改变剪切域而碰巧输出的情况",只有该客户机进程窗口是以动态输出为主要任务的情况下才有可能出现,所以还是采用了实际上更为安全的这种"鸵鸟算法"。

上述的这个过程可用图4-5表示。

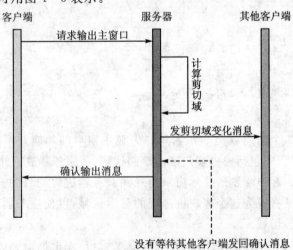

图4-5 客户端输出主窗口的过程

客户端隐藏主窗口时,发送消息 LMSG_IPC_HIDEMAINWIN。

当客户端隐藏主窗口时,客户端所有窗口都将被隐藏,所以客户端必须通知服务器进程,使得服务器进程重新计算自身的剪切域,如果有其他客户机进程存在的话,还要计算其他客户机进程的初始剪切域,并将其他进程的初始剪切域发送到相应的进程中去。然后,服务器进程的窗口也要进行自身重绘,同时需要向其他进程发送重绘消息。

隐藏主窗口,主要用于将应用最小化。

客户端销毁主窗口(LMSG_IPC_DESTROYMAINWIN),当一个应用结束的时候,就会发送这个消息到服务器进程,除了剪切域方面的处理过程(类似于客户端主窗口最小化时的处理过程)以外,还要将应用链表中客户进程对应的节点进行销毁。

4.3 进程创建与进程的管理

在 LGUI 里,所有的应用进程都是由桌面进程创建的,而创建进程的方法就是人们所熟知的 fork() 函数。

以下是 LGUI 启动一个新程序时所使用的代码:

```
BOOL
LaunchApp(char * pFileName)
{
    pid_t child;
    char * args[] = {NULL};
    if((child = fork()) == -1){
        printerror("fork error");
        exit(EXIT_FAILURE);
    }
    else if(child == 0){
        execve(pFileName,args,environ);
    }
    DisactiveWindow(_lGUI_pWindowsTree);
    return true;
}
```

从代码中可以看出,桌面进程首先通过 fork() 创建一个新的进程,然后调用 execve 启动文件名为 pFileName 的程序。这是启动程序常用的办法。其中,environ 是为了使新的进程能够继承父进程的环境变量。

第 5 章

多窗口的设计与实现

5.1 窗口树

有些嵌入式设备对于界面需求比较简单,也许有一个窗口就足以解决问题。但大多数情况下,要求有多级窗口。在 LGUI 中,一个应用进程中包括三级窗口,即主窗口、子窗口、控件。因为控件具有大部分窗口的特性,所以也统称为窗口。

这三级窗口形成一个树状关系,就是这里要讨论的窗口树。

窗口树的结构如图 5-1 所示。

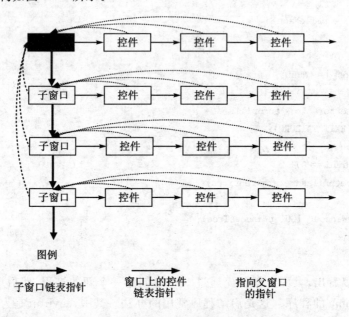

图 5-1 窗口树

从图 5-1 中可以看出,主窗口可能会含有多个子窗口,同时也可能会包含多个控件;而每个子窗口也可能会包含多个控件。

同一父窗口的控件或子窗口是用链表连接在一起的,同时,除主窗口以外,所有子窗口/控件都有指向父窗口的指针,这样非常便于窗口之间的互相查找。

从图 5-1 中可以看出,为了使系统简化,控件之间没有嵌套关系。

```c
typedef struct tagWindowsTree{
    char                    lpszClassName[MAXLEN_CLASSNAME];
                            //窗口类名
    char                    lpszCaption[MAXLEN_WINCAPTION];
                            //窗口标题
    DWORD                   dwData;                 //窗口附加数据
    DWORD                   dwAddData;              //窗口附加数据
    RECT                    rect;                   //窗口外接矩形
    HMENU                   hMenu;                  //子窗口标识
    DWORD                   dwStyle;                //窗口样式
    int                     iZOrder;                //窗口 Z 序
    PMsgQueue               pMsgQueue;              //消息队列
    PClipRegion             pClipRgn;               //剪切域
    PClipRegion             pBackClipRgn;           //备份剪切域
    PInvalidRegion          pInvRgn;                //无效域
    pthread_t               threadid;               //线程 ID
    LPSCROLLINFO            pHScroll;               //横向滚动条
    LPSCROLLINFO            pVScroll;               //竖向滚动条
    LPSCROLLCURSTATE        pHCurState;             //横向滚动条状态
    LPSCROLLCURSTATE        pVCurState;             //竖向滚动条状态
    PCARETINFO              pCaretInfo;             //光标信息
    struct tagWindowsTree * pFocus;                 //当前焦点控件
    struct tagWindowsTree * pParent;                //父窗口
    struct tagWindowsTree * pControlHead;           //窗口上控件头指针
    struct tagWindowsTree * pControlTail;           //窗口上控件尾指针
    struct tagWindowsTree * pChildHead;             //子窗口头指针
    struct tagWindowsTree * pChildTail;             //子窗口尾指针
    struct tagWindowsTree * pNext;                  //兄弟窗口中下一个窗口
    struct tagWindowsTree * pPrev;                  //兄弟窗口中前一个窗口
} WindowsTree;
typedef WindowsTree * PWindowsTree;
```

从以上数据结构可以看出:窗口树是 LGUI 中非常重要的结构,其中的窗口节点基本涵盖了窗口的所有信息。在任何时候,只要能获取到窗口节点的指针,即可以得到该窗口的详细信息。在 LGUI 中,窗口的句柄就是窗口节点的指针,所以,给定了窗口句柄,便可以操纵窗口。

从以上数据结构描述中还可以看出:主窗口上的子窗口是以儿子/兄弟的方式链接,即主窗口有一个指针指向它的第一个子窗口,这个子窗口再通过兄弟链表将其他子窗口链接起来。主窗口与子窗口上的控件也是同样的链接方式。

另外,除主窗口之外,所有的子窗口与控件都有一个指针指向其父窗口,通过这个指针,可以非常方便地得到父窗口的信息,例如某一个窗口上有一个按钮,按下这个按钮后,需要向这个按钮所在的窗口发送消息,有了父窗口指针,就很容易解决问题。

通过浏览源代码可以看出,当调用函数 CreateWindow 时,就会创建窗口树中的节点,并根据 CreateWindow 传递的父窗口句柄将当前窗口的节点插入到窗口树的合适位置。

需要提及的是:这个窗口树的结构对于服务器端(即桌面进程)和客户机端(即应用程序端)都是一样的。对于桌面进程而言,也有一个主窗口,这个主窗口会包含一些控件,如桌面上代表应用程序的图标、桌面的标题栏、软键盘、输入法以及开始菜单等。

5.2 窗口的 Z 序

窗口的 Z 序是窗口在屏幕上体现出来的前后关系,Z 序越大,则对应的窗口越靠近上层。所以说,Z 序大的窗口将会剪切 Z 序值小的所有窗口,如图 5-2 所示。

3 号窗口 Z 序值最大,如果当前屏幕上只有 3 个窗口,则 1 号窗口要被 2、3 号窗口剪切,2 号窗口要被 3 号窗口剪切,而 3 号窗口则不会被任何窗口剪切。

在 LGUI 系统中,窗口之间的 Z 序是通过窗口链表之间的前后关系体现的,如果在链表的前面,表明窗口的 Z 序也靠前,反之靠后。

窗口之间的这种 Z 序关系是非常重要的,因为它是计算窗口剪切关系的依据。

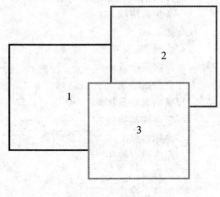

图 5-2 窗口 Z 序

5.3 窗口的剪切与剪切域

5.3.1 如何生成窗口剪切域

在窗口系统中,为什么要计算和维护窗口的剪切域呢?这是因为,窗口系统本身就要求:对于一个窗口的输出,以不破坏其他窗口为前提,否则,不受限制地任意输出,窗口系统也就不能称其为窗口系统了。这就要求任何一个窗口,必须知道当前它在哪些地方可以输出,哪些地方不允许输出。这就是所谓的剪切域。

在 LGUI 系统中，每个窗口必须保存自身的剪切域，剪切域目前实现的实际是剪切矩形，并以链表的形式进行存储，即每个窗口存储它当前可以进行输出的所有矩形区域的集合。

剪切域的生成可用图 5-3 表示。

 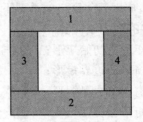

(a) 原始窗口　　　　　　　　(b) 新输出窗口

图 5-3　剪切域的生成过程

在图 5-3 中，图 5-3(a) 是原始的窗口，它的剪切域即是窗口的矩形，在这个矩形范围内，对于窗口的输出是不受限制的。

图 5-3(b) 是屏幕上新输出一个窗口后的情形。新输出一个窗口后，原来窗口的剪切域会分裂成如图 5-3(b) 所示的四个部分，而原来中间的那部分，则不包括在窗口的剪切域范围内。因为针对窗口被覆盖部分的输出受到限制，从而也使上面的窗口不会被破坏。当然上层窗口的输出也会只限制在它本身剪切域的范围内，从而也不会破坏下层的窗口。

5.3.2　窗口/控件剪切域的生成过程

上节所述是剪切域的一个简单的示例。实际实现时，因为要考虑主窗口、子窗口、控件之间的相互关系，剪切域的运算还是比较复杂的。

(1) 桌面主窗体的剪切域计算

① 桌面边界矩形剪去输入法窗口边界矩形；

② 剪去软键盘窗口边界矩形；

③ 剪去所有应用程序的主窗口边界矩形；

④ 剪去桌面上所有可见图标的窗口边界矩形，得到最后的剪切域。

(2) 主窗口的剪切域计算

① 得到当前进程的初始剪切域；

② 剪去所有的子窗口的边界矩形；

③ 剪去主窗口上的控件，得到最后的剪切域。

(3) 子窗口的剪切域计算

① 得到当前进程的初始剪切域；

② 与主窗口客户区边界矩形相交；

③ 与子窗口的边界矩形相交；
④ 剪去 Z 序大于该子窗口的兄弟窗口边界矩形；
⑤ 剪去该子窗口上的控件边界矩形，得到最后的剪切域。
控件剪切域的生成因其父窗口的类型不同而有所不同。

(4) 桌面上控件的剪切域计算
① 控件的外接矩形为初始矩形；
② 剪去输入法窗口的边界矩形；
③ 剪去软键盘窗口的边界矩形；
④ 与桌面边界矩形相交；
⑤ 剪去所有应用主窗口边界矩形；
⑥ 剪去 Z 序大于该控件的兄弟控件边界矩形，得到最后的剪切域。

(5) 主窗口上控件的剪切域计算
① 控件的外接矩形为初始矩形；
② 与主窗口客户区边界矩形相交；
③ 剪去所有子窗口的边界矩形；
④ 剪去 Z 序大于该控件的兄弟控件边界矩形，得到最后的剪切域。

(6) 子窗口上控件的剪切域计算
① 控件的外接矩形为初始矩形；
② 与主窗口客户区边界矩形相交；
③ 与父窗口客户区边界矩形相交；
④ 减去其他子窗口的边界矩形（这些子窗口是当前控件父窗口的兄弟，并且这些子窗口的 Z 序要大于当前控件父窗口）；
⑤ 剪去 Z 序大于该控件的兄弟控件边界矩形，得到最后的剪切域。

注：以上所叙述的操作过程都是针对剪切域的矩形链表进行操作。操作主要的两种，一是剪切；二是求交集。第一种操作是剪切，用一个矩形剪切一个矩形链表，要分别对链表中的矩形进行剪切操作，剪切操作之后的结果仍然是一个链表；第二种操作是求交集，是一个矩形与一个矩形链表进行操作，操作过程是该矩形与链表中的每一个矩形分别进行交集操作，操作的结果仍然保存为一个链表。

另外需要注意的是，这两种操作结束后，链表中的部分节点可能会变成不含有矩形的"空"节点，所以每次操作完后要过滤一遍，删除这样的节点。

5.3.3 窗口剪切域的存储方法

代码如下：

```
//矩形链表
```

```c
typedef struct _ClipRect
{
    RECT                rect;
    struct _ClipRect *  pNext;
} ClipRect;
typedef ClipRect * PClipRect;

// 剪切域
typedef struct _ClipRegion
{
    RECT            rcBound;        // 剪切域边界
    PclipRect       pHead;          // 剪切域链表头
    PclipRect       pTail;          // 剪切域链表尾
    PprivateHeap    pHeap;          // 剪切域堆
} ClipRegion;
typedef ClipRegion * PClipRegion;
```

LGUI 中剪切域就是以矩形链表的形式存储。为了加快内存分配速度,同时为了避免内存碎块化,可将矩形链表存入在一个预申请的堆中。详细内容可以参考源代码。

5.4 进程主窗口的初始剪切域与进程内窗体剪切域

作为服务器端进程的桌面进程是一个与众不同的进程,它除了维护它自身的剪切域及其控件的剪切域之外,还要维护每一个应用进程主窗口的初始剪切域。在上文中说到,每个应用启动以后,首先与服务器端建立连接,连接完成后,就会将自身的一些信息发送到服务器端,这些信息主要包括:进程的 ID 号、应用主窗体的矩形位置。

而在服务器端,保存有当前与自己连接的所有客户进程的一个链表,并维护着这些应用进程之间的 Z 序关系(即哪个应用在最上层,哪个在最下层),同窗体之间的剪切关系一样,应用进程之间的 Z 序也是桌面进程为每个客户机进程生成初始剪切域的依据。

桌面进程接收到客户机进程发送的显示主窗口的消息以后,首先会重新计算桌面本身以及桌面上控件的剪切域(因为客户进程显示的主窗体当然首先会剪切桌面本身和桌面图标),随之,马上会为每个当前运行的进程重新计算主窗体的初始剪切域,并将计算结果发送到对应的进程。而客户机进程在收到剪切域变化消息以后,必须以主窗体的初始剪切域为基础,重新计算其中每一个窗体的剪切域。因为新启动一个应用进程以后,默认将处于最上层,所以它将影响所有现有的进程。

为什么叫进程的初始剪切域呢?因为对于任何一个进程而言,它的任何一个窗体在计算剪切域时,首先必须是在由桌面剪切域传递过来的剪切域范围之内进行,所以称之为初始剪切域。

5.5 客户端对剪切域的管理

首先,无论是服务器进程还是客户机进程,其中的每一个窗口都会保存自己的剪切域。在窗口的位置、Z 序等发生变化的时候,系统都会为每一个与此变化相关的窗口重新计算剪切域。

这里需要着重说明的是,在 LGUI 的客户机/服务器模式中,当客户在需要显示主窗口时,发送请求并在得到服务器端的响应以后,将主窗口进行显示。而同时,其他客户端进程将收到变化了的主窗口的剪切域。主窗口剪切域生成过程如图 5-4 所示。

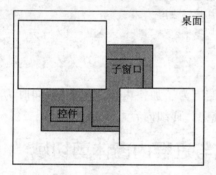
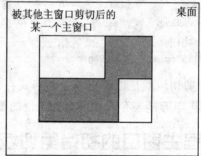
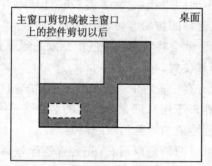
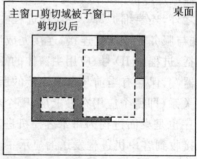

图 5-4 主窗口剪切域生成过程

其他客户端收到消息以后,需要做一系列的处理。

(1) 主窗口剪切域的计算

由服务器发送过来的初始剪切域只是主窗口被桌面软键盘、状态栏、开始菜单以及其他进程的主窗口剪切以后的结果,主窗口还需要被主窗口上的控件以及子窗口进行剪切,才能生成真正的主窗口剪切域。

(2) 客户进程中其他窗体剪切域的计算

客户进程内其他窗口剪切域的计算都是以主窗口的剪切域为基础进行的,包括:主窗口上的控件、子窗口、子窗口上的控件。实际上,客户进程在收到由于其他进程主窗体的变化而引起的当前进程主窗体的初始剪切域的变化消息后,不得不对当前进程中所有窗体的剪切域重新进行计算。根据前文叙述,剪切域全部以矩形链表的形式进行组织与存储,任意两个窗口(包括控件)之间的相交,都将产生剪切的关系,所以如果一个客户进程中的窗口关系过于复杂,则剪切域的计算也会消耗一定的系统资源,当然,这是一个窗口系统必须付出的代价。

客户进程内除主窗口外其他窗口剪切域的计算过程如下:

主窗口上控件的剪切域是主窗口的初始剪切域与控件的交集(即互相重叠部分),再剪掉 Z 序比当前控件大的兄弟控件,再剪掉当前进程中的所有子窗口而形成的剪切域。

子窗口的剪切域是主窗口初始剪切域与子窗口的交集剪去 Z 序比它大的其他子窗口和本身窗口上的控件形成的剪切域。

子窗口上控件的剪切域是主窗口的初始剪切域与当前控件的交集,剪掉 Z 序比其父窗口大的所有子窗口,再剪掉 Z 序比其大的所有兄弟控件而形成的剪切域。

在这里要说明的是,这种剪切域管理方式实现的前提是任何一个应用中,主窗口是所有其他窗口(包括控件)的最大边界,即在一个应用中没有任何窗口或控件的边界会超出主窗口的边界。这虽然是一种折中方案带来的限制,但这种限制在面向嵌入式设备的 GUI 环境中是可以接受的,而且它带来的运行效率的提高与资源消耗的降低是非常明显的。实际上,对于嵌入式 GUI 环境来讲,使用者并不会对这种限制感到不便。

5.6 窗口类的注册管理

在 C++、Java 等面向对象的开发语言中,有类的概念。所谓窗口类,是指具有某些共同的静态与动态特性的窗口的抽象类型。例如,需要在屏幕上显示一些窗口,这些窗口有如下共同的静态特征:有窗口标题栏、工具按钮、状态栏。同时这些窗口又有如下共同的动态特征:当鼠标左键单击客户区时,在单击位置画点,当鼠标按下左键并在窗口客户区移动时,绘制鼠标移动的轨迹。那么,就可以创建一个窗口类,用窗口类来管理窗口的这些特性。

在 Windows 编程时,为了创建一个窗口,首先需要向系统创建一个窗口类,然后再根据窗口类创建窗口。在 LGUI 示例代码中,也实现了类似的机制,不论是主窗口、子窗口、控件,或者对于 LGUI 系统内部的桌面窗口、桌面上的图标控件、桌面上的软键盘、输入法窗口等都需要先注册一个窗口类。对于 LGUI 系统内部的窗口,LGUI 在启动时会自动进行注册,对于基于 LGUI 的应用程序,在创建自己的窗口时就需要先注册窗口类。

当需要显示一个窗口时,首先需要创建一个窗口类的实例——窗口,然后显示窗口。在显示窗口时,系统根据窗口类的窗口特征定义绘制窗口,当外部事件/消息发送到这个窗口时,系统调用注册的消息处理函数来处理消息。

5.6.1 注册内容

注册窗口类就是说明该类窗口的特征,包括静态特征与动态特征。窗口类的数据结构如下:

```
typedef struct tagWNDCLASSEX {
    UINT                    cbSize;           //该结构体的大小
    UINT                    style;            //窗口样式
    WNDPROC                 lpfnWndProc;      //窗口消息处理函数
    HINSTANCE               hInstance;
    HICON                   hIcon;
    HICON                   hIconSm;
    HCURSOR                 hCursor;
    HBRUSH                  hbrBackground;
    char *                  lpszMenuName;
    char *                  lpszClassName;
    DWORD                   cbClsExtra;       //保留
    DWORD                   cbWndExtra;       //保留
    struct tagWNDCLASSEX *  pNext;
} WNDCLASSEX;
typedef     WNDCLASSEX * PWNDCLASSEX;
```

这个窗口类的数据结构中,主要有窗口的样式定义,窗口的背景画刷以及窗口消息处理函数。其中样式、窗口背景画刷用以描述窗口的静态特征,而窗口消息处理函数用于描述窗口的动态特征。

还有一个重要的字段就是"窗口类名称",人们希望通过一个全局唯一的 ID 来标识这个窗口类型,窗口类名称便是窗口类的唯一标识。

对于一个嵌入式的窗口系统来讲,LGUI 中这个数据结构显得有点复杂。这个结构体主要参考了 Windwos 中的数据结构,也可以根据自己的需要重新定义。需要表现一类窗口的哪些共同特征,对应到结构中便有哪些成员。在 LGUI 的示例代码中,这个结构中主要使用了两个内容。其中之一是背景画刷,其二是消息处理函数,而对于窗口的样式,则在窗口创建时作为参数传递。那么,到底哪些内容应该放在注册的窗口类里,而哪些不放在窗口类里呢?这个问题的根本是希望窗口类表达窗口的哪些共同特征——是共性多一些,还是个性多一些。

5.6.2 如何管理注册窗口类

作为一个开放的处于应用平台层面的系统,提供了接口由上层调用以注册窗口类和获取窗口类的信息,那么,在系统的内部,如何管理这些注册信息并提供接口。

管理注册窗口类并不复杂。在 LGUI 中提供了两个接口:

```
BOOL GUIAPI RegisterClass(WNDCLASSEX * lpwcx);
PWNDCLASSEX GUIAPI GetRegClass(char * lpszClassName);
```

可以在系统中管理一个注册窗口类的链表,当上层调用 RegisterClass 注册一个窗口类时,在系统管理的链表中创建成一个节点保存相关信息。当上层调用 GetRegClass 来获取注册的窗口类时,通过遍历链表得到注册的窗口类信息。

上述的这种办法是最简单的一种实现,如果应用层并不是很频繁地获取注册的窗口类信息,则这种实现能满足使用要求。但实际情况是:注册一个窗口类时只会调用一次注册函数,但系统在运行过程中需要频繁地获取窗口类的信息。在 LGUI 的实现里,窗口在重绘时需要清除背景,而清除背景的画刷定义在窗口类里,那么,程序执行的过程就是根据窗口的窗口类名称,从系统中得到保存的窗口类注册信息,从注册信息中得到窗口的背景画刷。而这个过程在窗口的每次重绘时都要被调用,所以,提高 GetRegClass 的函数效率就显得比较重要。

如果将注册的窗口类信息保存成一个链表,那么,查询某一个窗口类注册信息的唯一办法就是遍历整个链表,如果系统中注册的窗口类并不多,这个过程不会明显影响系统效率。反之,需要考虑其他办法。

可以考虑使用 Hash 函数的办法,将窗口类名称通过一个 Hash 函数映射到某一个整数范围,如果有冲突,则多个冲突的窗口类信息由链表保存。例如,可以这样构建一个 Hash 函数,如下:

```
#define MAXNUM_ITEMS 10
int GetPosByName(char * szName)
{
    return (int)(szName[0]) % MAXNUM_ITEMS
}
```

即通过窗口类名称的首字母的 ASCII 值除以 10 取余数,得到一个 0~9 之间的数值。

另外,如果将映射目标的值域定义为 0~25,则可以使用更简单的 Hash 函数,如下:

```
#define MAXNUM_ITEMS 26
int GetPosByName(char * szName)
{
    if (szName[0] >= 'a'&& szName[0] <= 'z')
    return szName[0] - 'a'
else
    return szName[0] - 'A'
}
```

在系统中保存的链表如图 5-5 所示。

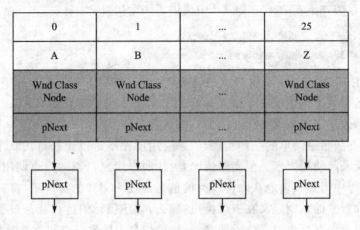

图 5-5 注册窗口类管理链表

从图 5-5 中可以看出,以某一字母开头的所有注册的窗体类的节点在一个链表上。注册窗口类时,限制窗口类的名字以字母开头。注册或查找窗口类时,先根据注册的窗口类名称的第一个字母找到链表头,然后根据链表的情况进行后续的处理。

下面的示例代码说明了如何调用窗口注册过程:

```
WNDCLASSEX         wcex;
HWND               hWnd;
wcex.lpfnWndProc         = (WNDPROC)WndProc;
wcex.hbrBackground       = CreateSolidBrush(RGB(147,222,252));
wcex.lpszClassName       = "mainwin";
RegisterClass(&wcex);
hWnd = CreateWindow("mainwin", "main",
        WS_MAIN | WS_VISIBLE | WS_THINBORDER,
        10, 100,150, 80, NULL, NULL, NULL, NULL);
ShowWindow(hWnd, true);
```

代码开始先给 wcex 的一个字段 lpfnWndProc 赋值,这个字段在结构中被定义为一个函数指针,所以在这里赋值为消息处理函数的函数名称;然后为背景画刷赋值;再为窗口类名赋值;最后调用 RegisterClass 注册窗口类。

随后调用 CreateWindow 创建窗口,第一个参数就是窗口类的名称,系统正是根据这个类名来创建合适的窗口。

对于系统中预先定义的窗口,其消息处理函数也是预定义的,如果基于这些 GUI 构架与 GUI 函数库开发应用程序,则需要应用开发者自己编写消息处理函数。以下代码表示了一个应用程序消息处理函数的框架。

```
LRESULT
WndProc(
    HWND        hWnd,
    UINT        message,
    WPARAM      wParam,
    LPARAM      lParam
)
{
    switch(message)
    {
        case LMSG_CREATE:
            break;
        case LMSG_PENDOWN:
            break;
        ……
        case LMSG_PAINT:
            break;
        case LMSG_DESTROY:
            break;
        default:
            return DefWindowProc(hWnd, message, wParam, lParam);
    }
    return true;
}
```

函数有四个参数：hWnd 为窗口句柄；message 为消息值；wParam、lParam 为消息参数值。在 LGUI 中所有的消息处理函数都是这样的风格。这个函数的主体就是一个条件分支，根据不同的消息值进行不同的处理，如果其中缺少某一个消息的处理分支，则调用系统提供的默认的处理函数 DefWindowProc()。

5.6.3 注册窗口类如何发挥作用

如果调用 SendMessage 向一个窗口发送消息，而消息发送的线程与消息处理线程是同一线程，则发送者直接调用消息处理者的消息处理函数；如果消息发送者与消息处理者不是同一线程，则向消息处理者发送同步消息。这两种不同条件下的处理方法本质上的区别是代码运行在同一个线程空间还是不同的线程空间，而相同的地方是 SendMessage 发送的是一种同步消息，即消息在被处理之前，发送者不会继续后续的工作。关于这个问题的讨论读者在看完第 6 章消息管理后就会更为清晰地了解相关概念。在这里之所以提到 SendMessage，是因为这个函数的调用体现了注册窗口类如何发挥作用，如图 5-6 所示。

第 5 章　多窗口的设计与实现

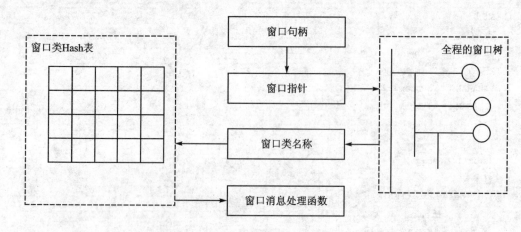

图 5-6　窗口消息处理函数的查找过程

在发送消息时会传递一个参数即窗口句柄，这个值表示消息将传递到哪一个窗口，对于 SendMessage 而言，如果目标窗口是没有独立消息处理线程的控件（控件即 Control，控件在 GUI 中也被看做一类窗口，在 LGUI 的实现中，控件是没有独立消息处理线程的），则控件的消息处理函数必然运行在发送消息者的线程空间里。根据前面所述，将由发送者直接调用控件的消息处理函数。那么，面临的问题就是如何根据窗口的句柄得到窗口的消息处理函数。从图 5-6 中可以看到，先根据窗口句柄得到窗口指针（在 LGUI 中，窗口句柄就是窗口指针），由窗口指针得到窗口类名称，由窗口类名称在窗口类注册表中查询注册信息，这个注册信息中就包括消息处理函数。

第6章

GUI 中的消息管理

在 GUI 系统中,一般都有事件与消息驱动的概念。在消息驱动的系统中,计算机外设发生的事件,都由支持系统收集,将其按约定的格式翻译为特定的消息。应用程序一般有自己的消息队列,系统将消息发送到应用程序的消息队列中。

与传统的程序不同,以消息驱动的程序启动后就会一直处于循环状态,在这个循环当中,程序从外部输入设备获取某些事件,比如用户的按键或者鼠标的移动,然后根据这些事件作出某种响应,并完成一定的功能,这个循环直到程序接收到某个消息为止。所以消息传递与消息处理是消息(事件)驱动 GUI 系统的核心。

通过阅读 LGUI 的源代码可以看到,在 LGUI 系统中有两类消息:第一类是进程之间的消息;第二类是进程内部的消息。进程之间的消息在应用进程与桌面进程之间发送;进程内部的消息是由窗口之间互相发送。

对于进程之间的消息,除了当应用进程创建主窗口、显示主窗口、隐藏主窗口、销毁主窗口时向桌面进程发送消息之外,还有一项重要内容,就是外部事件的处理,主要指按键、鼠标事件。因为当同时有多个应用进程在运行时,需要桌面进程收集这些消息,并根据当前窗口的激活情况将消息发送到相应的进程中去。

6.1 外部事件收集与分发

桌面进程启动后,首先会初始化环境,包括创建专门用于收集外部事件的键盘线程与鼠标线程,然后创建桌面窗口以及桌面上的按钮、标题栏、软键盘、输入法窗口等,之后主线程就会进行循环,等待消息,当收到消息后就处理这些消息。

键盘线程与鼠标线程启动后,会循环读取当前的事件,得到一个事件后,就直接发送到桌面进程的消息队列中去。在 LGUI 中,这些消息名称都以 RAW 开头,表示为原始消息。

桌面进程在收到任何一个消息后,首先要根据当前状态判断这个消息是由自身来处理,还是转发到应用进程中去。这个过程如图 6-1 所示。

其中,由桌面进程自己处理还是转发到其他的应用进程中去,是根据当前鼠标的位置、由桌面进程管理的应用进程主窗口当前的激活状态等情况来进行判断的。例如,如果当前没有

第 6 章 GUI 中的消息管理

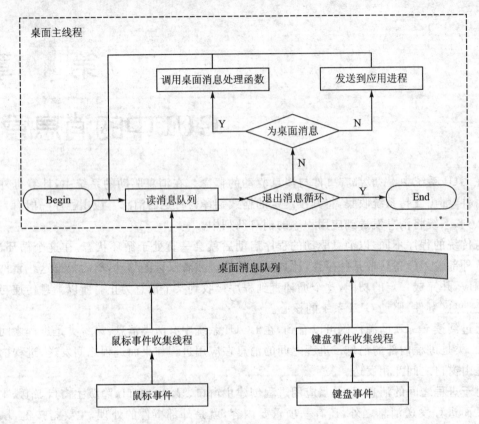

图 6-1 外部消息的收集与分发

应用进程在运行,那么任何外部消息将会由桌面进程自己来处理;如果有一个应用进程在运行并处于激活状态,则按键消息肯定需要发送到应用进程中去。鼠标消息则要根据鼠标点击的位置来判断,如果点击位置在应用进程主窗口的范围之外,则鼠标消息由桌面进程自己来处理,否则发送到应用进程中去。如果当前有多于一个应用进程在运行,当通过鼠标点击一个处于 Z 序下层的应用进程的窗口时,桌面进程不仅要将鼠标消息发送到被点击窗口所对应的应用进程中去,而且还要做一系统处理,将被点击窗口所对应的进程移至 Z 序的最上层,并处于激活状态,而点击之前处于 Z 序最上层的应用进程则下降一层,同时不再处于激活状态。

如果消息被发送到应用进程,应用进程还需要根据目前应用进程内各窗体的活动状态将外部消息转发到相应窗口的消息队列中去。例如,假设当前应用进程只有一个主窗口,没有子窗口。如果主窗口上没有控件,则这个消息肯定由主窗口来处理;如果有控件,则根据剪切域判断是发给其中的一个控件还是发给主窗口。有子窗口的情况下,处理过程是类似的。总之,是根据当前的状态判断接收消息的控件或窗口。另外,如果应用进程收到的消息是鼠标消息,应用进程还需要根据鼠标的点击位置以及进程中当前的状态判断是否再激活其中一个子窗口或是激活主窗口。窗口的激活状态是很重要的，因为按键消息只会发送到当前激活的窗口。

6.2 消息队列

消息队列是消息的"暂存处"。在 GUI 系统中，消息是与窗口紧密联系在一起的。实际上，在 LGUI 中，除了控件以外，主窗口、子窗口都有自己的消息队列，同时有专门的线程来处理消息。

不论消息队列的物理存储结构有何不同，例如是一个数组，或是一个链表，本质上就是先入先出的队列结构。当需要向一个窗口发送消息时，发送者就把消息放到目的窗口消息队列的队尾，如果目的窗口的消息处理线程当前因没有消息可供处理而处于睡眠状态，则发送消息的一方有义务唤醒它，以使消息得到处理。

所以，在消息驱动的系统中，当没有消息处理时，消息处理程序处于等待状态（这种等待属于非忙等待，与传统的循环查询方式有本质不同）。当有消息需要处理时，发送方唤醒处理一方来处理消息，这就是消息驱动的根本意义。

6.3 GUI 的消息

在 LGUI 中，除了桌面进程与客户进程之间传递并互相响应固定格式的进程间消息以外，其他的消息都以窗口（不包括控件）为单位来管理。所谓以窗口为单位来管理，是指每一个窗口都有一个消息队列，并且每一个窗口都有一个消息处理线程专门用来处理消息。

窗口的数据结构中，包括一个消息队列的结构，所有发送到窗口的消息将会保存到窗口的消息队列中。

在 LGUI 中，将消息进行了分类，分别是通知消息、邮寄消息、同步消息以及绘制消息。根据不同的消息分别建立消息队列。

通知消息是以链表方式存储的消息，是不允许丢失的重要消息。在 LGUI 中，这类消息是通过函数 SendNofityMessage 来发送的。

邮寄消息是不太重要的消息，允许丢失。这种消息不是以链表方式存储，而是以固定长度的数组来存储。当数组已满时，这种消息就会丢失。这类消息主要以鼠标消息和键盘消息为主。设置这类消息的目的是使系统在非常繁忙时可以丢弃一些不太重要的消息，以免因消息来不及处理而毫无意义地占用大量的内存空间。在 LGUI 中，这类消息是以 PostMessage 函数来发送的。

同步消息是要求系统马上响应的消息。消息发送者在发送同步消息后会处于阻塞状态，只有消息处理一方处理完消息后，调用者才能继续执行下面的工作。同步消息队列中有一个信号量来实现这种功能，消息发送者在发送消息后，通过 V 操作阻塞，消息处理者处理完消息

第6章 GUI中的消息管理

后,通过P操作唤醒发送者。在LGUI中,这类消息是以PostSyncMessage函数来发送的。

绘制消息前面已有讨论,实际上,因为窗体已经有无效区链表用于保存无效区,绘制消息链表只是要求绘制的消息链表而已。有些嵌入式GUI系统中,并没有绘制消息链表,只是通过在消息队列中设置一个绘制标志;而在LGUI中,设置成一个队列的目的是为了保存控件的绘制消息。为什么要这样做呢?这是因为在LGUI中,控件是没有消息队列的,因为有消息队列就需要有单独的线程处理消息;如果每增加一个控件就要增加一个线程,则系统肯定会不堪重负。但是如果在窗体中不保存该窗体上控件的绘制消息,则对于控件的绘制就必须立即处理,这将不符合尽量提高系统实时性的要求。将控件的绘制消息都保存在其父窗口的消息队列中,可以保证窗口在没有其他消息的情况下才执行绘制消息,以此提高系统对于更为重要消息的响应速度。在LGUI中,这类消息是以SendPaintMessage函数来发送的。

下面分别就几类消息的处理方法进行说明。

6.3.1 LGUI的消息队列结构

结构中第一个成员变量为互斥量mutex,互斥量的作用是为了使不同线程操作同一队列时起到互斥作用。例如,线程A发送消息到消息队列,线程B同时从队列中取消息。线程A在往队列中写入消息时首先通过互斥量锁定,这时如果线程B试图操作消息队列就会进入等待状态,只有当线程A完成操作并解锁后,线程B才可以继续操作消息队列。

```
//LGUI的消息队列结构
typedef struct _MsgQueue
{
    pthread_mutex_t     mutex;                              //互斥量
    sem_t               sem;                                //信号量
    DWORD               dwState;                            //消息队列状态
    PSyncMsgLink        pHeadSyncMsg;                       //同步消息队列头
    PSyncMsgLink        pTailSyncMsg;                       //同步消息队列尾
    PNtfMsgLink         pHeadNtfMsg;                        //通知消息队列头
    PNtfMsgLink         pTailNtfMsg;                        //通知消息队列尾
    PNtfMsgLink         pHeadPntMsg;                        //绘制消息队列头
    PNtfMsgLink         pTailPntMsg;                        //绘制消息队列尾
    WndMailBox          wndMailBox;                         //邮寄消息队列数组
    HWND                TimerOwner[NUM_WIN_TIMERS];
    int                 TimerID[NUM_WIN_TIMERS];
    WORD                TimerMask;
}   MsgQueue;
typedef MsgQueue *      PMsgQueue;
```

线程A操作过程如下所示:

```
pthread_mutex_lock(&msgqueue.mutex);        //锁定互斥锁
……                                          //往队列中放入消息
pthread_mutex_unlock(&msgqueue.mutex);      //解锁互斥锁
```

线程 B 操作过程如下所示：

```
pthread_mutex_lock(&msgqueue.mutex);        //锁定互斥锁
……                                          //从队列中取出消息
pthread_mutex_unlock(&msgqueue.mutex);      //解锁互斥锁
```

互斥锁的作用就像一把门锁，第一个人进入一间屋子的时候，将门锁上，这样其他的人都无法进入，只有当他打开锁从屋子里出来的时候，后面的人才可能进入。如果所有准备进入屋子的人都遵守这样的规则，就可以保证任何时间屋子里只有一个人。互斥锁是线程同步的重要工具。

为什么对于消息队列的操作要通过互斥锁来进行保护呢？原因是不同线程同时操作一个队列，可能引发数据不完整的问题，例如当其中一个线程操作到中途，由于线程时间片已到，CPU 转而由第二个线程控制，并对同一数据进行操作，这样导致操作结果不确定，引起系统问题。在 LGUI 中，每个窗口分别对应于一个线程，这些线程的主要任务就是处理消息，而在处理消息的过程中就有可能向其他窗口发送消息，这就涉及线程同步的问题，而使用互斥量就可以很好地解决这个问题。

消息队列结构的第二个变量是信号量，信号量也是线程同步的重要工具。那么在消息队列中，信号量主要起到什么作用呢？通过发送消息和获取消息的一些关键代码便能清晰地了解到。

```
BOOL GUIAPI
GetMessage(
    PMSG     pMsg,
    HWND     hWnd
)
{
PMsgQueue pMsgQueue;                        //定义消息队列变量
pMsgQueue = GetMsgQueue(hWnd);              //得到消息队列指针
loop:
    ……                                      //操作消息队列
    sem_wait (&pMsgQueue->sem);             //信号量 V 操作
    goto loop;                              //循环操作
    return 1;                               //返回
}
```

从上面的关键代码可以看到，GetMessage 函数是一个死循环。当然，在省略的操作消息队列的代码中的情况是:如果获取到一条消息,就会退出这个循环。

这个循环的最后一步都是一个信号量的 P 操作,P 操作的过程是这样的:先使信号量的值减 1,如果减完以后信号量的值等于零,则线程就会在这里进入睡眠状态,直到被其他线程唤醒。

线程的唤醒是通过其他线程"发送消息",LGUI 发送消息函数主要有,PostMessage 函数、PostSyncMessage 函数、SendNotifyMessage 函数。查看这些函数代码就可以看到:在完成必要的操作之后,最后总有一个对于消息队列信号量的 V 操作,V 操作的结果是信号量的值增加 1,同时会唤醒等待的线程继续进行处理。

互斥量操作与信号量操作是现代操作系统理论中非常重要的思想。在 LGUI 中的消息队列处理,正是使用了互斥量与信号量来使得多个线程能够实现同步。

6.3.2 通知消息(NotifyMessage)

从图 5-5 可以看到,通知消息队列是一个链表结构,由于链表没有长度限制,所以重要的、不允许丢失的消息就发送到通知消息队列中。通知消息使用 SendNotifyMessage 函数发送。通知消息的消息结构与消息队列如下所示。

```
//消息结构
typedef struct _MSG {
    HWND            hWnd;
    UINT            message;
    WPARAM          wParam;
    LPARAM          lParam;
    void *          pData;
} MSG;
typedef MSG * PMSG;

//通知消息队列
typedef struct _NtfMsgLink
{
    MSG                     msg;
    struct _NtfMsgLink *    pNext;
} NtfMsgLink;
typedef NtfMsgLink * PNtfMsgLink;

//发送通知消息
BOOL GUIAPI
SendNotifyMessage(HWND hWnd, int iMsg,
    WPARAM wParam,LPARAM lParam
```

```
)
{
    PmsgQueue       pMsgQueue;
    PntfMsgLink     pLinkNode;
    Int             sem_value;
    pMsgQueue = GetMsgQueue(hWnd);                      //消息队列指针
    pLinkNode = HeapAlloc(&MsgQueueHeap);               //从堆中分配空间
    pthread_mutex_lock(&pMsgQueue->mutex);              //锁定互斥量
    pLinkNode->msg.hWnd = hWnd;
    pLinkNode->msg.message = iMsg;
    pLinkNode->msg.wParam = wParam;
    pLinkNode->msg.lParam = lParam;
    pLinkNode->msg.pData = NULL;
    pLinkNode->pNext = NULL;
    if(! pMsgQueue->pHeadNtfMsg){
        pMsgQueue->pHeadNtfMsg =
        pMsgQueue->pTailNtfMsg = pLinkNode;
    }else{
        pMsgQueue->pTailNtfMsg->pNext = pLinkNode;
        pMsgQueue->pTailNtfMsg = pLinkNode;
    }
    pMsgQueue->dwState |= QS_NOTIFYMSG;                 //设置状态位
    pthread_mutex_unlock (&pMsgQueue->mutex);           //解锁互斥量
    sem_getvalue (&pMsgQueue->sem, &sem_value);         //取信号量值
    if (sem_value == 0)
        sem_post(&pMsgQueue->sem);                      //信号量V操作
    return true;
}
```

从代码中可以看到，SendNotifyMessage 的主要功能就是从消息堆中申请一个节点的空间，赋值后插入到消息队列的链表中去。在操作消息队列链表的时候，首先要锁定互斥量，最后要解锁互斥量。在代码的最后，是对信号量的操作：先取得信号量的值，如果信号量的值等于零，说明取消息的线程目前正处于睡眠状态，这时就要通过 V 操作来唤醒线程。

6.3.3 邮寄消息

邮寄消息的消息队列格式如下所示。

```
typedef struct _WndMailBox
{
```

第6章　GUI中的消息管理

```
    MSG         msg[SIZE_MAILBOX];
    int         iReadPos;
    int         iWritePos;
} WndMailBox;
typedef WndMailBox * PWndMailBox;
```

邮寄消息的消息队列是一个固定大小的静态数组,其中有两个指针指示当前读的位置与写的位置。

当需要邮寄消息时,调用函数 PostMessage。PostMessage 的代码如下所示。

```
BOOL GUIAPI
PostMessage(HWND hWnd, int iMsg,
    WPARAM wParam, LPARAM lParam
)
{
    PmsgQueue    pMsgQueue;                              //消息队列指针
    PMSG         pMsg;                                   //消息指针
    Int          sem_value;                              //信号量
    pMsgQueue = GetMsgQueue(hWnd);                       //获取消息队列指针
    pthread_mutex_lock(&pMsgQueue->mutex);               //锁定互斥量
    if(iMsg == LMSG_QUIT){                               //如果为退出消息,设置标志位
        pMsgQueue->dwState |= QS_QUITMSG;
    }
    else{
        if((pMsgQueue->wndMailBox.iWritePos + 1) % SIZE_MAILBOX
            == pMsgQueue->wndMailBox.iReadPos)
            return false;                                //消息队列满,退出
        pMsg = &(pMsgQueue->wndMailBox.msg[
            pMsgQueue->wndMailBox.iWritePos]);
        pMsg->hWnd = hWnd;
        pMsg->message = iMsg;
        pMsg->wParam = wParam;
        pMsg->lParam = lParam;
        pMsgQueue->wndMailBox.iWritePos ++;
        if(pMsgQueue->wndMailBox.iWritePos >= SIZE_MAILBOX)
            pMsgQueue->wndMailBox.iWritePos = 0;
        pMsgQueue->dwState |= QS_POSTMSG;                //设定标志位
    }
    pthread_mutex_unlock (&pMsgQueue->mutex);            //解锁互斥量
    sem_getvalue (&pMsgQueue->sem, &sem_value);          //获取信号量值
```

```
    if (sem_value == 0)
        sem_post(&pMsgQueue->sem);      //如果信号量等于零,V 操作
    return true;
}
```

从代码中可以看出,在操作数组之前,首先会锁定互斥量,然后判断队列是否已满,如果已满,则直接退出,否则将消息写入到数组之中,再解锁互斥量。函数退出之前的操作与 SendNotifyMessage 的操作类似。先测试信号量的值是否等于零,如果为零,表示取消息的线程处于睡眠状态,需要通过 V 操作来唤醒。

邮寄消息正如它的名字一样,调用邮寄消息函数的线程并不确认消息是否已存入到目的窗口的消息队列中,正如日常生活中发送邮件一样,写好信后丢入邮筒,以后的事情无法控制,全靠邮政公司的服务水平了。

在 LGUI 中设置这种消息的主要原因是为了处理多余的按键、鼠标消息。如果系统处于忙的状态,无法处理用户的操作请求。这时如果将大量的操作消息存储起来,等系统空闲时再处理,在实际应用中是没有意义的,只会无谓消耗系统空间。而且等系统从忙转到空闲,可能需要比较长的时间,这时再去处理用户不久前的操作请求,已经没有意义了,而且会引起不必要的误解,所以最好的办法就是在系统忙的时候,直接丢弃多余的操作消息。

6.3.4 同步消息

同步消息的结构如下所示。

```
typedef struct _SyncMsgLink
{
    MSG             msg;
    int             iRetValue;
    sem_t           sem;
    struct _SyncMsgLink * pNext;
} SyncMsgLink;

typedef SyncMsgLink * PSyncMsgLink;
```

同步消息是要求系统马上响应的消息。消息发送者在发送同步消息后会处于阻塞状态,只有消息处理一方处理完消息后,调用者才能继续执行下面的工作。同步消息队列中有一个信号量用来实现这种功能,消息发送者在发送消息后,通过 P 操作阻塞,消息处理者处理完消息后,通过 V 操作唤醒发送者。在 LGUI 中,这类消息是以 PostSyncMessage 函数来发送的。

PostSyncMessage 函数的关键代码如下所示。

```
int
PostSyncMessage(
    HWND hWnd,
    int msg,
    WPARAM wParam,
    LPARAM lParam
)
{
    PmsgQueue         pMsgQueue;
    SyncMsgLink       syncMsgLink;
    Int               sem_value;
    if(!(pMsgQueue = GetMsgQueue(hWnd)))              //获取消息队列指针
        return -1;
    pthread_mutex_lock(&pMsgQueue->mutex);            //锁定互斥量
    syncMsgLink.msg.hWnd = hWnd;                      //消息赋值
    syncMsgLink.msg.message = msg;
    syncMsgLink.msg.wParam = wParam;
    syncMsgLink.msg.lParam = lParam;
    syncMsgLink.pNext = NULL;
    sem_init(&syncMsgLink.sem,0,0);                   //初始化信号量
    ……                                                //操作消息队列
    pMsgQueue->dwState |= QS_SYNCMSG;                 //设置消息标志
    pthread_mutex_unlock(&pMsgQueue->mutex);          //解锁互斥量
    sem_getvalue(&pMsgQueue->sem, &sem_value);        //获取信号量值
    if (sem_value == 0)
        sem_post(&pMsgQueue->sem);                    //激活等待的线程
    sem_wait(&syncMsgLink.sem);                       //等待处理
    sem_destroy(&syncMsgLink.sem);                    //销毁信号量
    return syncMsgLink.iRetValue;
}
```

从代码中可以看到,函数将消息赋值并发送到消息队列、初始化信号量、设置标志以后,通过 V 操作唤醒等待的消息处理线程。然后会等待消息被处理,当处理完成后,再销毁信号量。

这里的技巧在于对同步消息结构中信号量的操作:每次发送同步消息之前,先初始化消息体中这个信号量,发送完消息后,唤醒处理线程,同时通过对这个信号量的 P 操作使线程阻塞并等待处理完成。而处理消息的线程在处理完一个同步消息后,需要对同样的信号量做 V 操作,以唤醒等待中的发送消息线程。通过这种方式,实现同步消息的处理。

6.3.5 绘制消息

在 LGUI 中,为了提高系统对于其他实时性要求更高的消息的响应速度,将对窗口的绘制

消息单独形成队列,并且在取消息的过程中,将绘制消息的处理优先级设置为最低,即只在没有其他消息的情况下才处理绘制消息。详细内容可以参考 GetMessage 函数。

SendPaintMessage 的关键代码如下所示。

```
BOOL
SendPaintMessage(      HWND hWnd)
{
    PmsgQueue      pMsgQueue;
    PntfMsgLink    pLinkNode;
    int            sem_value;
    pMsgQueue = GetMsgQueue(hWnd);                    //获取消息队列
    if(! pMsgQueue)
        return false;
    pLinkNode = HeapAlloc(&MsgQueueHeap);
    pthread_mutex_lock(&pMsgQueue->mutex);             //锁定互斥量
    pLinkNode->msg.hWnd = hWnd;                        //消息赋值
    pLinkNode->msg.message = LMSG_PAINT;
    pLinkNode->msg.wParam = (WPARAM)NULL;
    pLinkNode->msg.lParam = (LPARAM)NULL;
    pLinkNode->msg.pData = NULL;
    pLinkNode->pNext = NULL;
    if(! pMsgQueue->pHeadPntMsg){                      //加入到队列中
        pMsgQueue->pHeadPntMsg =
        pMsgQueue->pTailPntMsg = pLinkNode;
    }
    else{
        pMsgQueue->pTailPntMsg->pNext = pLinkNode;
        pMsgQueue->pTailPntMsg = pLinkNode;
    }
    pMsgQueue->dwState | = QS_PAINTMSG;                //设置标志位
    pthread_mutex_unlock (&pMsgQueue->mutex);          //解锁互斥量
    sem_getvalue (&pMsgQueue->sem, &sem_value);        //获取信号量值
    if (sem_value == 0)
        sem_post(&pMsgQueue->sem);                     //信号量 V 操作
    return true;
}
```

从代码中可以看到,SendPaintMessage 的操作与其他发送通知消息(如 SendNotifyMessage)的操作是类似的,锁定互斥量后对消息队列进行操作,操作完成后解锁互斥量,然后通过 V 操作唤醒等待的队列。

6.3.6 其他消息发送方式

从 LGUI 中代码中,可以看到一个特别的函数 SendMessage。这个函数主要有两个功能:如果消息发送线程与消息处理线程是同一线程,则直接调用消息接收窗口的消息处理函数,如果不是同一线程,则发送同步消息。

```
int GUIAPI
SendMessage(
    HWND hWnd,
    int iMsg,
    WPARAM wParam,
    LPARAM lParam
)
{
    WNDPROC WndProc;
    PWindowsTree pWin;
    int iWinType;
    pWin = (PWindowsTree)hWnd;
    iWinType = GetWinType(hWnd);
    if((((iWinType == WS_DESKTOP) ||
(iWinType == WS_MAIN) || (iWinType == WS_CHILD))&&
        (pWin->threadid != pthread_self())
    )
        return PostSyncMessage (hWnd, iMsg, wParam, lParam);
    WndProc = GetWndProc(hWnd);
    return (*WndProc)(hWnd, iMsg, wParam, lParam);
}
```

6.4 LGUI 中消息堆的内存管理

这个话题在前面说明互斥量时已经有所介绍。在这里详细介绍一下实现方法。对于应用程序中大小相同、频繁申请释放的结构单元,使用预分配堆来管理是优化内存资源的好办法,同时在效率方面也有帮助。这在 GUI 中或其他系统中都是类似的,读者可以借鉴。

此书的 LGUI 的早期版本在消息堆的实现方面采用了较为简单的方法,虽然内存效率方面更优,但分配一个单元时可能会采用向后遍历的方法,时间效率是不高的。如果采用未使用空间链表的方法,则会更优。下面就这种方法作一说明。

```c
//消息数据结构
typedef struct _MSG {        // msg
    HWND     hWnd;
    UINT     message;
    WPARAM   wParam;
    LPARAM   lParam;
    void *   pData;
} MSG;
typedef MSG * PMSG;
//一个分配单元的数据结构
typedef struct tagHeapItem {
    int iNext;
    MSG msg;
} HeapItem;
//预分配堆数据结构
typedef struct tagHeap {
    int iItemSize;
    int iItemNum;
    int iFree;
    void * pData;
} Heap;

//初始化预分配堆
Heap * InitHeap(int iNum)
{
    Heap * pHeap = malloc(sizeof(Heap));
    Assert(pHeap);
    pHeap->iItemNum = iNum;
    pHeap->iItemSize = sizeof(HeapItem);
    pHeap->pData = calloc(iNum, pHeap->iItemSize);
    pHeap->iFree = 0;
    for (int i = 0; i < iNum - 1; i ++) {
        ((HeapItem *)(pHeap->pData) + i)->iNext = i + 1;
    }
    ((HeapItem *)(pHeap->pData) + iNum - 1)->iNext = -1; //invalid
    return pHeap;
}
```

私有堆初始化以后状态如下所示。

第6章 GUI 中的消息管理

iNext	msg	iNext	msg
1		6	
2		7	
3		8	
4		9	
5		-1	

```c
//在消息堆中分配空间
HeapItem* AllocHeap(pHeap)
{
    HeapItem* pData;
    if (pHeap->iFree != -1) {
        pData = (HeapItem*)(((HeapItem*)(pHeap->pData) +
            pHeap->iFree)->pData);
        pHeap->iFree = ((HeapItem*)(pHeap->pData) +
            pHeap->iFree)->iFreeNext;
        return pData;
    }
    else
        return NULL;
}


//释放空间
void FreeHeap(Heap* pHeap, void* pData)
{
    int iPos;
    int* pNext = (int*)((unsigned char*)pData - 4);
    *pNext = pHeap->iFree;

    iPos = ((unsigned char*)pData -
        (unsigned char*)pHeap->pData) / sizeof(HeapItem);
    pHeap->iFree = iPos;
}
```

以上实现简单高效,但没有考虑溢出的问题。因为预分配的空间是固定大小的,那么如果预分配的空间全部被占用,再向消息堆申请空间时就会溢出。LGUI 中采用了一个标志位的方式,当消息堆已没有空间可分配时,通过 malloc 在进程的公共堆中分配,但需要通过一个标志位表示是在预分配堆定义的消息堆中分配还是在进程的公共堆中分配,以便在 free 的时候根据该标志位做不同的处理。

第 7 章 窗口输出及无效区的管理

7.1 窗口的客户区与非客户区

在说明窗口的输出及无效区的管理之前,先说明一下窗口的客户区与非客户区,如图 7-1 所示。

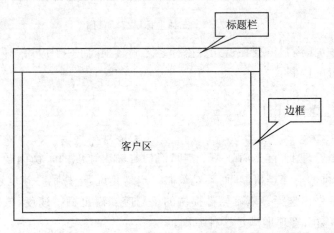

图 7-1 窗口的客户区与非客户区

在一个窗口中,标题栏、边框(或滚动条)就是窗口的非客户区,中间区域称为客户区。通过 GDI 函数在窗口上进行绘制时所使用的区域就是客户区。

7.2 坐标系统

在 LGUI 中,有三种坐标系统:屏幕坐标、窗口坐标、客户坐标,它们相互之间是可以转换的。其中屏幕坐标以屏幕左上角为坐标原点,水平方向为 X 值、垂直方向为 Y 值构成坐标系;窗口坐标以窗口左上角为坐标原点,水平方向为 X 值、垂直方向为 Y 值构成坐标系;客户坐标以窗口客户区左上角为坐标原点,水平方向为 X 值、垂直方向为 Y 值构成坐标系,如图 7-2

所示。

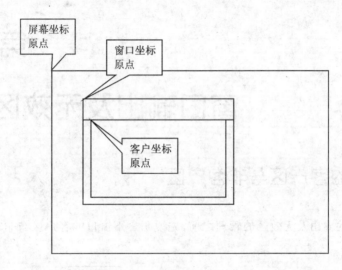

图7-2 三种坐标系统示意图

在 LGUI 实现时，经常需要在这几种坐标系之间转换，而对于应用开发者来说，只需根据客户坐标进行图形的绘制。

7.3 输出管理机制

在窗体的输出管理上，首先面临一个空间消耗与输出速度的平衡问题。按照基础软件的设计原则，系统提供的应当是机制，而不是策略。也就是说，选择牺牲速度还是选择牺牲空间，应当由应用开发者做出选择。基础软件提供的机制应当满足牺牲速度、或是牺牲空间这两种可能性。LGUI 的输出管理即满足这种原则。

在一般的 GUI 上，MS Windows、QT、Microwindows 等系统都提供了 PAINT 重绘消息，如果你选择牺牲速度换取空间，则在 PAINT 中做复杂的绘图；如果选择牺牲空间换取速度，则可以在内存设备上下文（MemoryDC）上绘制，然后整块输出到屏幕上。

LGUI 在这方面也为上层应用提供了选择，即在 Paint 消息处理时，可以选择直接绘制或是非直接输出。若是直接绘制，则直接输出到屏幕，这时每一个点都需要进行剪切域的判断，速度很慢，但好处是，一个窗体任何时候占用的内存资源是有限的；相反情况下，如果选择了非直接输出，则在开始输出之前，自动参照当前的设备上下文，创建一个内存设备上下文（MemoryDC），然后，后续的绘图操作就定向到这个新创建的内存设备上下文。因为针对内存设备上下文的输出不必计算剪切域，所以速度是非常快的。当绘制完成后，再根据剪切域，分矩形块输出到屏幕上。这个过程如图7-3所示。

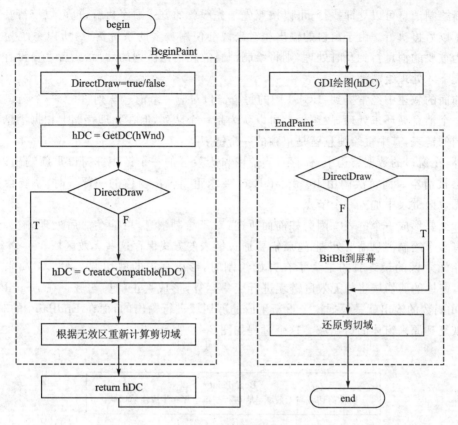

图 7-3 屏幕输出过程

其中 BeginPain、EndPaint 两个库函数对于上层应用来说是透明的,上层应用只需要在 Paint 消息处理的开始位置,设置一下 DirectDraw=true 或 DirectDraw=false。

在 BeginPaint 函数中,如果应用设置的 DirectDraw=false,则要创建一个新的内存型设备上下文,然后将该设备上下文句柄返回。否则,返回普通的设备上下文句柄。

在 BeginPaint 后,紧跟着是 GDI 的绘图,GDI 绘图函数根据设备上下文的类型自动将图形绘制到内存或屏幕。

在 EndPaint 函数中,根据设备上下文的类型,选择是否将内存中的图形整块输出到屏幕上去。

7.4 无效区

在窗口系统中,当某一窗口的某一部分需要重新输出时,会通过系统调用设置该区域无效的方式,使该区域得到重新绘制。

重新绘制消息可以立即执行,可以按照先来先服务的方式顺序执行,也可以等待其他消息执行完了以后再执行。由于窗口的输出相对来说会使用较多的系统资源,所以系统为了保障其他更为重要的消息得到及时处理,则将绘制消息放在消息队列的后面,或者是在没有其他消息的情况下才处理绘制消息。

在前面的叙述中经常提到:LGUI 中的每个窗口对应一个消息队列,由于一个窗口所有消息都由一个消息循环来处理,故逻辑上可以认为是一个队列,但在物理存储上根据消息种类分成了不同的链表,其中重绘消息就是单独的一个链表。

另外,在窗口的数据结构中,保存有当前窗口无效区的一个链表。窗口重新输出以后,这个链表会被清空。而每次调用 InvalidateRect 要求重新输出窗体的一部分时,系统会在这个窗体的无效区链表中加入一个节点。

为什么要形成一个链表?因为如前面所述,对于绘制消息,可能会滞后处理。在此期间,可能会有多个绘制消息需要处理,这就需要通过链表的方式保存这些无效区域。

保存无效区的最终目的是为了在开始绘制时,形成真正的剪切域。在 LGUI 中 BeginPaint 时,窗体的剪切域将与无效区链表进行交集运算,形成真正的剪切域。在 BeginPaint 后面的 GDI 函数的输出就是根据这个重新生成的剪切域进行输出的,而在 EndPaint 的时候,剪切域将恢复到原来窗体的剪切域。这个过程如图 7-4 所示。

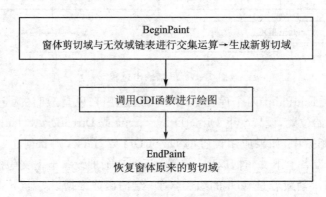

图 7-4 窗口 Paint 消息的处理过程

为什么要将剪切域与无效区进行交集运算生成新的剪切域?首先无效区必须限制在剪切域的范围之内,否则,直接输出无效区就有可能破坏其他窗体;另外,如果对于任何一个窗体无效的消息,都根据剪切域全部输出一遍,则不仅资源消耗大,而且窗口会有闪烁现象。无效域链表使得每次输出时,只将声明为无效的那些区域块重新输出到屏幕上。这也就是无效区管理的最终目的。

在这里，对于无效区链表的管理作进一步的说明：如果在程序运行的过程中由于某些原因需要重新输出窗口的某一块区域，例如原来被其他窗口覆盖的区域因为其他窗口销毁或移动使得被覆盖的区域需要重新输出，或者在窗口的客户区绘制了一些图形后，需要将该区域更新，而为了保证 GUI 系统有更高的实时性，设置对于窗口输出消息响应优先级为最低。这就使得可能会在一定时间会有多个对于窗口无效区的输出请求，所以就需要一个结构来保留这些无效区域。在 LGUI 中，通过一个链表来保存这些无效区，等到系统真正处理 Paint 消息时，会对一个窗口的无效区域一次性全部输出。窗口还有一个表示剪切域的链表，只有这个链表内的矩形区域才是可以输出的，所以，输出无效区时，要将无效区与剪切域进行交集运算，交集区域才是真正可以输出并且需要输出的区域。总而言之，剪切域是"可以"输出的区域，而无效区是"需要"输出的区域，所以一次 Paint 消息的响应，要对两个区域进行交集运算。

第 8 章

DC 与 GDI 的设计与实现

8.1 设备上下文 DC 的描述

在 Windows 编程时,如果要操作一个窗口客户区,例如在客户区绘制图形,首先需要得到一个该窗口的设备上下文句柄,通过这个设备上下文句柄,可以得到当前设备上下文的详细情况,如当前所使用的字体,字的前景色、背景色,所使用的画刷,所使用的线型等。需要的时候可以将一些 GDI 对象选择到当前设备上下文中。例如,创建一种线型,并将该线型选择到当前设备上下文中,则此后针对该设备上下文的画线操作就会使用这一线型。画刷、字体等的操作也是类似的。那么在一个小型的窗口系统中,如何支持这种功能呢?

在 LGUI 中,设备上下文(Device Context,以下简称 DC)分为两类,一类是普通型的;另一类是内存型的。对于内存型的 DC,在 DC 的描述结构中有一个指针 pData 指向对应的内存地址。LGUI 中虽然有位图 GDI 对象,但对于内存型 DC,仍然单独申请空间,大多数情况下位图对象用来保存该 DC 中频繁调用的位图内容。

在 LGUI 中,支持内存型设备上下文与普通型设备上下文的目的是为了给使用者或二次开发者一种选择的权利。如果需要输出的内存很少,例如只在窗口上画几个点,就可以选择普通型设备上下文,这时,对应窗口的输出就会直接反映到屏幕上。相反,如果有大量的绘图操作或者有成片区域需要绘制,一般会选择内存型的设备上下文。先将绘制的内容绘制到内存里,绘制完成后一次性将整个区域输出到屏幕上,这样速度会有极大提高。

在这里需要说明的是:LGUI 中内存型的设备上下文与窗口无效区的输出密切相关。普通的设备上下文的输出直接针对屏幕,与窗口无效区没有关系。

LGUI 的 DC 描述结构中存有当前的文本样式、各种 GDI 对象,包括画笔、画刷、字体、位图对象的句柄。因为在该 DC 上进行输出时需要参考窗口的剪切域,所以设备上下文的结构中也包括对应窗口的句柄。

其中,DC 的数据结构中有一个重要的字段:pData。这个字段是一个指针。如果创建的设备上下文是一个内存型的设备上下文,则这个指针会指向一个大小与窗口大小一致的内存区域。例如,一个色彩深度为 $3\times 8=24$ 位的系统,如果窗口的大小为 100×100,则每次创建这个窗口的内存型设备上下文时,会申请一个 100×100×24 Byte 的内存区域。针对此设备上下文的输出都会先输出到这块内存区域。

设备上下文的结构定义如下所示。

```c
typedef struct tagDC{
    int             iType;              //type(window/memory)
    COLORREF        crTextBkColor;      //text background color
    COLORREF        crTextColor;        //text color
    BOOL            isTextBkTrans;      //the text is transparent ?
    POINT           point;              //current point
    HPEN            hPen;
    HBRUSH          hBrush;
    HFONT           hFont;
    HBITMAP         hBitmap;
    void *          pData;              //memory device context only
    HWND            hWnd;               //handle of window
} DC;
typedef DC * HDC;
```

创建普通型设备上下文的过程如下所示。

```c
HDC GUIAPI
GetDC(HWND hWnd)
{
    HDC hDC;
    BITMAP * pBitmap;
    hDC = malloc(sizeof(DC));
    if(! hDC)
        return NULL;
    memset(hDC,0,sizeof(DC));
    pBitmap = malloc(sizeof(BITMAP));
    if(! pBitmap)
        return NULL;
    memset(pBitmap,0,sizeof(BITMAP));
    hDC->iType = DC_TYPE_WIN;
    hDC->iCoordType = DC_COORDTYPE_CLIENT;
    hDC->hWnd = hWnd;
    hDC->isTextBkTrans    = true;
    hDC->crTextBkColor    = RGB(0xff, 0xff, 0xff);
    hDC->crTextColor      = RGB(0x00, 0x00, 0x00);
    hDC->hPen     = (HPEN)(GetStockObject(BLACK_PEN));
```

```
    hDC->hBrush    = (HBRUSH)(GetStockObject(NULL_BRUSH));
    hDC->hFont     = (HFONT)(GetStockObject(SYS_DEFAULT_FONT));
    hDC->hBitmap = (HBITMAP)pBitmap;
    hDC->pData     = NULL;
    return hDC;
}
```

从代码中可以看到,创建普通型设备上下文的过程就是创建一个指向 DC 结构的指针,同时创建结构中的 Pen、Brush、Font、Bitmap 等内容。然后返回这个指针,这个指针就是设备上下文的句柄。

创建内存型的设备上下文的代码较长,请参考源码,函数名称为 CreateCompatibleDC()。

GetDC、CreateCompatibleDC 这两个 API 函数在进行二次开发时可以直接进行调用,以创建普通的或内存型的设备上下文。实际上在任何一个窗口的消息处理函数框架中,对于 Paint 消息的处理已经包含了相关内容,如下面代码所示。

```
case LMSG_PAINT:
    ps.bPaintDirect = false;
    hDC = BeginPaint(hWnd, &ps);
    if(! hDC){
        return true;
    }
    //draw something
    EndPaint(hWnd, &ps);
    break;
```

当处理 Paint 消息时,首先会调用 BeginPaint 函数。在这个函数中,会根据参数 ps 的设置,确定是否创建内存型的设备上下文(请参考 BeginPaint 函数源代码)。然后返回一个设备上下文句柄。

```
ps.BPaintDirect = false;
hDC = BeginPaint(hWnd, &ps);
```

对于内存型的设备上下文,真正输出到屏幕上的操作是通过 EndPaint 来实现的,因为在 BeginPaint 时已经备份了窗口的剪切域,并将剪切域与无效域进行了交集操作,生成输出时的有效剪切域。所以 EndPaint 就根据这个剪切域按矩形块输出到屏幕上,之后恢复剪切域,释放设备上下文所占用的空间。

所以,在 LGUI 实现时,设备上下文不仅包含了当前所使用的线型、画刷、字体、字色等设置信息,还包含了一个用于缓冲输出的内存区域以支持屏幕的快速输出,这一点是非常重要的。

8.2 GDI

GDI(Graphic Device Interface)即图形设备接口,是应用程序与硬件之间的中间层,GDI 使得应用开发者不再直接操纵硬件设备,而是把硬件设备之间的差异交给 GDI 处理。GDI 通过将应用程序与不同输出设备特性相隔离,使应用程序能够毫无障碍地在系统支持的任何图形输出设备上运行。例如,可以在不改变程序的前提下,让能在 Epson 点式打印机上工作的程序也能在激光打印机上工作,这就是 GDI 的意义。GDI 模型如图 8-1 所示。

一般情况下,GDI 特指 Microsoft Windows 提供的一套接口,即 Windows GDI。在 Windows 操作系统下,绝大多数具备图形界面的应用程序都离不开 GDI,利用 GDI 所提供的众多函数就可以方便地在屏幕、打印机及其他输出设备上输出图形、文本等操作。

GDI+简介如下:

在 Microsoft Visual Studio .NET 中,Microsoft 解决了 GDI 中的许多问题,使之更易于使用,GDI 的.net 版本叫做 GDI+。GDI 的一个好处就是不必知道任何关于数据怎样在设备上渲染的细节,而 GDI+进一步体现了这个优点。如果 GDI 是一个中低层 API,还可能要知道设备特性,而 GDI+是

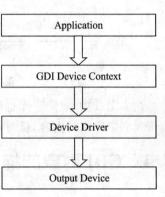

图 8-1 GDI 模型

一个高层的 API,不必知道设备特性。例如,要设置某个控件的前景和背景色,只需设置 BackColor 和 ForeColor 属性即可。

LGUI 作为一个窗口系统的简单示例的实现,在 GDI 接口方面尽量保持与 Windows GDI 的兼容,使得阅读与移植者更好理解。但应该了解,LGUI 中实现的 GDI 只面向 FrameBuffer 或其他支持显示缓冲的设备,其他设备如打印机之类并没有支持,在这里只说明一种实现的简单方法,针对具体设备可以参考这种思路。

8.3 预定义 GDI 对象的实现

LGUI 预定义了常用的 GDI 对象,主要有固定颜色、线型、宽度的画笔,固定颜色的画刷、字体等。

首先,这些 GDI 对象是由桌面进程在启动时创建的,并将其全部保存在共享内存中,其他进程可以将这块共享内存映射到进程内部的地址空间中。

GDI 对象在共享内存中是通过以下的方式进行管理的:在固定的起始位置,创建一个所有 GDI 对象的索引,通过索引可得到 GDI 对象的指针。这个过程如图 8-2 所示。

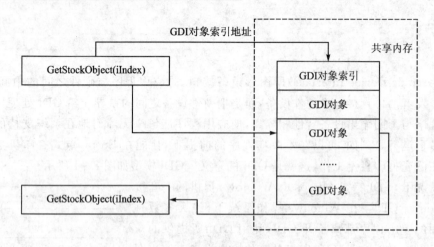

图 8-2　LGUI 预定义 GDI 对象的获取过程

在 LGUI 中，点阵字库也放置在共享内存中，任何一个进程都可通过系统提供的 API 函数访问到字库中的内容，目前 LGUI 支持 24×24、16×16、14×14、12×12 四种点阵字体。

8.4　GDI 对象的描述结构及创建方法

GDI 对象的描述结构与 Windows 基本一致，如下所示。

```
typedef struct tagPEN{
    GDITYPE         iGdiType;
    int             iPenStyle;
    int             iPenWidth;          // pen width
    COLORREF        crPenColor;         // pen color
} PEN;
typedef PEN * PPEN;

typedef struct tagBRUSH{
    GDITYPE         iGdiType;
    int             iBrushStyle;        // brush style
    int             iHatchStyle;        // hatch style
    COLORREF        crBrushColor;       // color value
} BRUSH;
typedef BRUSH * PBRUSH;

typedef struct tagFONT{
    GDITYPE         iGdiType;
```

```
    int iFontStyle;              //字体
    int iOffset;                 //共享内存偏移地址
    FONTLIBHEADER FontLibHeader; //字库头结构
} FONT;
typedef FONT * PFONT;
```

创建 GDI 对象的过程是比较简单的,给定一些参数,返回一个指向该 GDI 对象结构的指针。

目前,LGUI 中可以通过以下函数创建对应的 GDI 对象,包括 CreatePen、CreateBrush、CreateBitmap、CreateFont。

8.5　将 GDI 对象选入 DC 中

创建 GDI 对象以后,需要将这些 GDI 对象选入 DC 中,才能使定义的这些 GDI 对象在随后的输出中发挥作用。在 LGUI 中,这个功能通过函数 SelectObject 来实现。因为创建 DC 时会生成默认的 GDI 对象,所以 SelectObject 只需将 GDI 对象整体复制到 DC 描述结构中即可。

8.6　GDI 绘图及优化

基于 FrameBuffer 使得读者必须自己实现所有绘图函数,包括画点、画线、多边形及区域填充,这方面涉及计算机图形学的很多内容,建议读者可以参考计算机图形学的相关书籍。在这里就 LGUI 中实现的部分绘图函数进行说明。

(1) 绘直线

```
BOOL inline
cliLineTo(
    HDC hDC,
    int x2,
    int y2
)
{
    int winCoordx2,winCoordy2;
    float k;
    float dx,dy;
    float fx,fy;
    int x,y;
    int x1,y1;
```

```
COLORREF crColor;
if(! hDC)
    return false;
x1 = hDC->point.x;
y1 = hDC->point.y;
WindowToClient(hDC->hWnd,&x1,&y1);
winCoordx2 = x2;
winCoordy2 = y2;
ClientToWindow(hDC->hWnd,&winCoordx2,&winCoordy2);
hDC->point.x = winCoordx2;
hDC->point.y = winCoordy2;
dx = (float)(x2 - x1);
dy = (float)(y2 - y1);
crColor = ((PEN*)(hDC->hPen))->crPenColor;
if((x1 == x2)&&(y1 == y2)){
    cliSetPixel(hDC,x1,y1,crColor);
    return true;
}
if(x1 == x2){//vertical line
    if(y1>y2)
        swap(y1,y2);
    for(y = y1;y<= y2;y++)
        cliSetPixel(hDC,x1,y,crColor);
    return true;
}
if(y1 == y2){//horizon line
    if(x1>x2)
        swap(x1,x2);
    for(x = x1;x<= x2;x++)
        cliSetPixel(hDC,x,y1,crColor);
    return true;
}
k = dy/dx;
if(fabs(k)<= 1){// x is loop control variable
    if(x1>x2){
        swap(x1,x2);
        swap(y1,y2);
    }
    fy = (float)y1;
```

```
        for(x=x1;x<=x2;x++){
            cliSetPixel(hDC,x,(int)(fy+0.5),crColor);
            fy=fy+k;
        }
    }
    else{
        if(y1>y2){
            swap(x1,x2);
            swap(y1,y2);
        }
        fx=(float)x1;
        for(y=y1;y<=y2;y++){
            cliSetPixel(hDC,(int)(fx+0.5),y,crColor);
            fx=fx+1/k;
        }
    }
    return true;
}
```

从上面的代码中可以看到，代码中使用了大量的浮点数，在大部分嵌入式处理器上并不具有浮点协处理器，而是使用浮点库来完成浮点数的运算，在大部分情况下浮点库的运算量很大，因而效率较低。在一些对实时性要求比较高的系统中，例如电子地图等，使用起来就会比较困难。为了解决这个问题，在图形学的算法方面人们想了很多办法，主要的思路就是通过使用整数代替浮点数来降低算法复杂度，从而提高整个算法的效率。例如下面的代码使用整数代替浮点数，若读者有兴趣，可以在机器上作一个对比，看看效率会有多大提高。

```
bool
LineTo(
    PCOLORREF pData,
    int x1,
    int y1
)
{
    int i;
    int  x,y,dx,dy,e;
    int x0,y0;
    int tmpX, tmpY;
    COLORREF crColor;
    crColor = 0xffffff;
    x0 = pvdc->point.x;
```

```c
        y0 = pvdc->point.y;
        pvdc->point.x = x1;
        pvdc->point.y = y1;
        if(x1<x0){
            tmpX = x1;
            x1 = x0;
            x0 = tmpX;
            tmpY = y1;
            y1 = y0;
            y0 = tmpY;
        }
        dx = x1 - x0;
        dy = y1 - y0;
        if(dy > 0){///dx > 0
            if(dx >= dy){
                e = -dx;
                x = x0;
                y = y0;
                for(i = 0;i<= dx;i++){
                    SetPixel(x,y,crColor);
                    x = x + 1;
                    e = e + 2 * dy;
                    if(e >= 0){
                        y = y + 1;
                        e = e - 2 * dx;
                    }
                }
            }
            else{
                e = -dy;
                x = x0;
                y = y0;
                for(i = 0;i<= dy;i++){
                    SetPixel(x,y,crColor);
                    y = y + 1;
                    e = e + 2 * dx;
                    if(e >= 0){
                        x = x + 1;
                        e = e - 2 * dy;
```

```
                }
            }
        }
        else{ //dy < 0
            if(dx >= abs(dy)){
                e = dx;
                x = x0;
                y = y0;
                for(i=0;i<=dx;i++){
                    SetPixel(pvdc,x,y,crColor);
                    x = x + 1;
                    e = e + 2 * dy;
                    if(e<=0){
                        y = y - 1;
                        e = e + 2 * dx;
                    }
                }
            }
            else{
                e = dy;
                x = x0;
                y = y0;
                for(i=0;i<=abs(dy);i++){
                    SetPixel(pvdc,x,y,crColor);
                    y = y - 1;
                    e = e + 2 * dx;
                    if(e>=0){
                        x = x + 1;
                        e = e + 2 * dy;
                    }
                }
            }
        }
        return true;
    }
```

在图形处理时有很多技巧来提高效率,除了上面提到的以整数代替浮点数以外,还有一种策略就是以空间换时间,可以提前把一些经常使用的值算出来存储在系统中,需要的时候直接查表即可。

第 8 章　DC 与 GDI 的设计与实现

例如,在计算中如果有两个点,需要根据两个点确定这条直线的角度,一般的办法是调用三角函数:actan(dx/dy)。可以测试一下,这个函数在没有浮点处理器的嵌入式设备上运算是比较慢的,可以考虑用以下办法。

定义一个角度与 tan(x)的对应表:

```
typedef struct tagAngle_Tan{
    int         iAngleValue;
    double      dTanValue;
} Angle_Tan;
typedef Angle_Tan *     PAngle_Tan;
#define     MAXITEMS_ANGLE_TAN      179
static Angle_Tan    angle_tan[] = {
{-89,-57.289875},
{-88,-28.636232},
{-87,-19.081127},
{-86,-14.300661},
……
{-3,-0.052408},
{-2,-0.034921},
{-1,-0.017455},
{0,0.000000},
{1,0.017455},
{2,0.034921},
{3,0.052408},
……
{87,19.081127},
{88,28.636232},
{89,57.289875}
};
int
GetAngleByTanValue(
    double      dTanValue
)
{
    int low, mid, high;
    if(dTanValue < angle_tan[0].dTanValue)
        return -90;
    if(dTanValue > angle_tan[MAXITEMS_ANGLE_TAN - 1].dTanValue)
        return 90;
```

```
        low = 0;
        high = MAXITEMS_ANGLE_TAN - 1;
        while(low <= high){
            mid = (low + high) / 2;                          /* 当前检索的中间位置 */
            if((angle_tan[mid].dTanValue < dTanValue)&&
                (angle_tan[mid + 1].dTanValue > dTanValue)){ /* 检索成功 */
                return angle_tan[mid].iAngleValue;
            }
            else if(angle_tan[mid].dTanValue > dTanValue)
                high = mid - 1;                              /* 要检索的元素在左半区 */
            else
                low = mid + 1;                               /* 要检索的元素在右半区 */
        }
        return 0;
}
```

(2) 旋转算法

在屏幕上绘制时经常需要将图形进行旋转，翻一下图形学的教材，可以得到如下的旋转算法：

```
#define Pi                  3.1415926
#define DEG2RAD(x)          (Pi * x/180.000000)
#define RAD2DEG(x)          (180.000000 * x/Pi)
bool
RotatePoint(
    POINT       pOrigin,
    POINT       pPoint,
    int *       pAngle
)
{
    int     xr, yr, x, y;
    xr = pOrigin->x;
    yr = pOrigin->y;
    x = pPoint->x;
    y = pPoint->y;
    pPoint->x = (int)(xr + (x - xr) * cos(DEG2RAD( * pAngle)) + (y - yr) *
        sin(DEG2RAD( * pAngle)));
    pPoint->y = (int)(yr + (y - yr) * cos(DEG2RAD( * pAngle)) - (x - xr) *
        sin(DEG2RAD( * pAngle)));
    return true;
```

第8章 DC 与 GDI 的设计与实现

}

在这里有一个通过查表实现的高效算法：

```c
typedef struct tagSinCosCouple{
    int     iSinValue;
    int     iCosValue;
} SinCosCouple;
typedef SinCosCouple *    PSinCosCouple;
```

以度为单位，共 360 个表项：

```c
x -- (sin(x) * 64 * 1024
x -- (cos(x) * 64 * 1024
static SinCosCouple    sincosx64k[] = {
{0,65536},
{1143,65526},
{2287,65496},
{3429,65446},
{4571,65376},
......
{-5711,65286},
{-4571,65376},
{-3429,65446},
{-2287,65496},
{-1143,65526}
};
bool
RotatePoint(
    POINT    pOrigin,
    POINT    pPoint,
    int *    pAngle
)
{
    int    xr, yr, x, y;
    int    xminus, yminus;
    int    xminusxcos, xminusxsin, yminusxcos, yminusxsin;
    int    iSignxminusxcos, iSignxminusxsin, iSignyminusxcos, iSignyminusxsin;
    int    iAngle;
    PSinCosCouple    pSincosx64k;
    pSincosx64k = sincosx64k ;
```

```
iAngle = *pAngle;
if(iAngle < 0)
    iAngle += 360;
else if(iAngle > 360)
    iAngle -= 360;
xr = pOrigin->x;
yr = pOrigin->y;
x = pPoint->x;
y = pPoint->y;
xminus = x - xr;
yminus = y - yr;
xminusxcos = xminus * pSincosx64k[iAngle].iCosValue;
xminusxsin = xminus * pSincosx64k[iAngle].iSinValue;
yminusxcos = yminus * pSincosx64k[iAngle].iCosValue;
yminusxsin = yminus * pSincosx64k[iAngle].iSinValue;
//x-cos
if(xminusxcos > 0){
    iSignxminusxcos = 1;
    xminusxcos = xminusxcos >> 16;
}
else{
    iSignxminusxcos = -1;
    xminusxcos = abs(xminusxcos) >> 16;
}
if(xminusxsin > 0){
    iSignxminusxsin = 1;
    xminusxsin = xminusxsin >> 16;
}
else{
    iSignxminusxsin = -1;
    xminusxsin = abs(xminusxsin) >> 16;
}
if(yminusxcos > 0){
    iSignyminusxcos = 1;
    yminusxcos = yminusxcos >> 16;
}
else{
    iSignyminusxcos = -1;
    yminusxcos = abs(yminusxcos) >> 16;
```

```
        }
        if(yminusxsin > 0){
            iSignyminusxsin = 1;
            yminusxsin = yminusxsin >>16;
        }
        else{
            iSignyminusxsin = -1;
            yminusxsin = abs(yminusxsin) >> 16;
        }
        pPoint->x = xr +
            iSignxminusxcos * xminusxcos +
            iSignyminusxsin * yminusxsin;
        pPoint->y = yr +
            iSignyminusxcos * yminusxcos -
            iSignxminusxsin * xminusxsin;
        return true;
    }
```

如果读者感兴趣，也可以通过代码来验证两个函数在嵌入式设备上效率的差别。

8.7 图形库

对于图形绘制，应用开发者大可不必闭门造车，网络上有很多成熟的开源代码可供参考，稍加改造即可应用到自己的系统之中，这其中以 GD 图形库、Cairo 图形库以及 AGG 图形库应用较广。

8.7.1 GD

GD，即 Graphic Draw，可通过以下网址下载：

http://www.libgd.org

GD 是一个用 C 语言实现的开源图形库，主要用于通过程序创建图像。GD 可以创建 PNG、JPEG、GIF 等格式的图像，还可以生成各种图表。GD 在 PHP 等面向网络的应用开发中被广泛使用，但并不局限于此，很多嵌入式的图形库移植了 GD 库的部分代码，例如有些地图引擎在 2D 图形的绘制方面使用了 GD 库的基本功能，与后面讲到的 AGG 相比，GD 的 2D 图形的绘制效果不及 AGG，但 GD 在效率方面则明显优于 AGG，当然这是一个问题的两个方面。

8.7.2 Cairo

Cairo 是一个免费的矢量绘图软件库,它可以绘制多种输出格式。Cairo 支持许多平台,包括 Linux、BSD、Windows 等。Linux 绘图可以通过 X Window 系统、Quartz、图像缓冲格式或 OpenGL 上下文来实现。另外,Cairo 还支持生成 PostScript 或 PDF 输出,从而产生高质量的打印结果。

Cairo 的目标是以跨平台的方式在打印机和屏幕上产生相同的输出,它正在成为 Linux 图形领域的重要软件。许多有影响力的开放源码项目已经采用了 Cairo。已经采用 Cairo 的重要项目包括:

Gtk+,跨平台 GUI 工具库,在前面已经讨论过;

Pango,一个用于布置和显示文本的免费软件库,它主要用于实现国际化;

Gnome,一个免费的桌面环境;

Mozilla,一个跨平台的 Web 浏览器基础结构,Firefox 就是在这个基础结构上构建的;

OpenOffice.org,一个可以与 Microsoft Office 匹敌的免费办公套件。

8.7.3 AGG

AGG,全名 Anti-Grain Geometry,是一个开源的、高效的 2D 图形库。它的网址如下:
http://www.antigrain.com/

1. AGG 的特点

AGG 的功能与 GDI+的功能非常类似,但提供了比 GDI+更灵活的编程接口,其产生的图形质量也非常高,而且它是跨平台的,可以在很多操作系统上运行。

2. AGG 的功能

① 支持 ALPHA、GAMMA 等变色处理,以及用户自定义的变色处理;

② 支持任意 2D 图形变换;

③ 支持 SVG 和 PostScript 描述,适于网上图形生成;

④ 支持高质量的图形处理,支持反走样插值等高级功能;

⑤ 支持任意方式的渐变色处理;

⑥ 支持所有颜色格式;

⑦ 支持对位图的多种处理;

⑧ 支持直线的多种处理,类似于 GDI+;

⑨ 支持 GPC,即通用多边形裁剪方法;

⑩ 支持多种字体输出,包括汉字的处理。

3. AGG 的使用

在设计上,AGG 师出 Boost 库(编者注:Boost 是一套开放源代码的、高度可移植的 C++库,其中大量的组件已经基本成熟并可供应用。在 C++社区中将 Boost 称为"准标准库",即相当于 STL 的延续和扩展,它的设计理念和 STL 比较接近。不过与 STL 相比,Boost 更加实用。STL 集中在算法部分,而 Boost 包含了不少的工具类,可以完成比较具体的工作。Boost 是由 C++标准委员会类库工作组成员发起的,致力于为 C++开发新的类库,许多 C++专家都投身于 Boost 的开发中),AGG 使用了大量的现代标准 C++语言的语法规则,包括模板、仿函数等处理,但是为了能在更多的平台上使用,它并没有直接使用 Boost 和 STL 库,而是自己实现了部分 STL 功能。

AGG 将图形功能分为几个层次,每一层次都可以由用户自己改动和扩充,作为 AGG 的使用者,可以使用它的全部功能,也可以只使用它的部分功能;作为图形的接口,它允许用户在不同层次上对它进行访问。

以下是一个典型的作图分层:

① 定义矢量作图源数据(其定义类似于 PostScript);
② 提供变换管道(包括坐标变换,以及其他可能的数据变换);
③ 将数据转为水平线光栅化数据;
④ 将数据转为带颜色格式的输出缓冲区数据;
⑤ 输出位图或像素数组。

AGG 的设计定位是为其他开发工具提供工具,因此,其使用灵活但不容易。不过,通过它提供的几十个例子,可以很容易地入门。

使用 AGG 有两种方式,一种方式是直接使用它,一种方式是为它定义一个封装接口。现在网上有一些这方面的封装接口例子(比如说,定义一个仿 GDI+的封装接口),可以在它的论坛上找到。

AGG 在发布的包中包含大量基于 Windows VC6 的演示程序,展示了 AGG 的绘图效果,包括抗走样、GPC 图形剪切;不仅如此,还包括了大量图像处理的示例程序,包括图像动态模糊等效果的处理、色彩通道、Gamma 校正等。可以说,使用 AGG 完全可以编制一个类似于 Photoshop 的图像处理软件。而在电子地图软件中,也有很多厂商移植使用 AGG 的代码来显示高质量的地图,唯一的缺点是在嵌入式系统中 AGG 的效率比较低。

图 8-3 展示了 AGG 模糊效果。

图 8-4 展示了 AGG 抗走样的效果。

不论是 GD 库、Cairo 库还是 AGG 库,在 PC 环境中基本不用考虑效率问题,但在嵌入式环境中,尤其是像地图或导航这类效率敏感的应用系统中需要仔细研究其中的代码,想办法提高效率,其中以浮点/定点的使用最为重要。

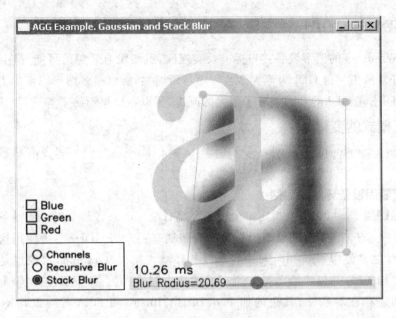

图 8-3 AGG 模糊效果

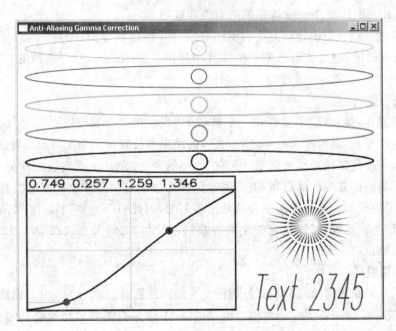

图 8-4 AGG 抗走样效果

8.7.4　GDI 与 GDI＋

　　GDI 是 Windows 的图形设备接口标准及实现库,虽然没有开源的可能,但由于 Windows 平台庞大的开发队伍使得 GDI 为绝大多数程序员所熟知,所以很多图形库都尽力保持与 GDI 的兼容,而 GDI＋在 GDI 的基础上有了很大的改进,所以在这里不妨了解一下 GDI＋。

1. 编程模式的变化

　　"GDI uses a stateful model, whereas GDI＋ uses a stateless"——GDI 是有状态的,GDI＋是无状态的。

(1) 不再使用设备环境或句柄

　　在使用 GDI 绘图时,必须要指定一个设备环境(DC),用来将某个窗口或设备与设备环境类的句柄指针关联起来,所有的绘图操作都与该句柄有关。而 GDI＋不再使用这个设备环境或句柄,取而代之是使用 Graphics 对象。与设备环境相类似,Graphics 对象也是将屏幕的某一个窗口与之相关联,并包含绘图操作所需要的相关属性。但是,只要这个 Graphics 对象与设备环境句柄还存在着联系,其余的如 Pen、Brush、Image 和 Font 等对象均不再使用设备环境。

(2) Pen、Brush、Font、Image 等是图形对象独立的

　　画笔对象能与用于提供绘制方法的图形对象分开创建和维护,Graphics 绘图方法直接将 Pen 对象作为自己的参数,从而避免了在 GDI 中使用 SelectObject 进行繁琐的切换,类似的还有 Brush、Path、Image 和 Font 等。

(3) 当前位置

　　GDI 绘图操作(如画线)中总存在一个被称为"当前位置"的特殊位置。每次画线都是以此当前位置为起始点,画线操作结束之后,直线的结束点位置又成为了当前位置。设置当前位置的理由是为了提高画线操作的效率,因为在一些场合下,总是一条直线连着另一条直线,首尾相接。有了当前位置的自动更新,就可以避免每次画线时都要给出两点的坐标。尽管有其必要性,但是单独绘制一条直线的场合总是比较多的,因此 GDI＋取消这个"当前位置",以避免当无法确定"当前位置"时所造成的绘图的差错,取而代之的是直接在 DrawLine 中指定直线起止点的坐标。

(4) 绘制和填充

　　GDI 总是让形状轮廓绘制和填充使用同一个绘图函数,例如 Rectangle。轮廓绘制需要一个画笔,而填充一个区域需要一个画刷。也就是说,不管是否需要填充所绘制的形状,都需要指定一个画刷,否则 GDI 采用默认的画刷进行填充。这种方式确实给人们带来了许多不便。现在,GDI＋将形状轮廓绘制和填充操作分开,例如 DrawRectangle 和 FillRectangle 分别用来绘制和填充一个矩形。

(5) 区域的操作

GDI 提供了许多区域创建函数，如：CreateRectRgn、CreateEllpticRgn、CreateRoundRectRgn、CreatePolygonRgn 和 CreatePolyPolygonRgn 等。虽然这些函数给人们带来了许多方便，但在 GDI＋中，为了便于将区域引入矩阵变换操作，GDI＋简化一般区域创建的方法，而将更复杂的区域创建交由 Path 接管。由于 Path 对象是与设备环境分离开来的，因而可以直接在 Region 构建函数中加以指定。

2．GDI＋新特色

GDI＋与 GDI 相比，增加了以下新的特性。

(1) 渐变画刷

以往 GDI 实现颜色渐变区域的方法是通过使用不同颜色的线条来填充一个裁减区域而达到的。现在 GDI＋拓展了 GDI 功能，提供线型渐变和路径渐变画刷来填充一个图形、路径和区域，甚至也可用来绘制直线、曲线等。这里的路径可以视为由各种绘图函数产生的轨迹。

(2) 样条曲线

对于曲线而言，最具实际意义的莫过于样条曲线。样条曲线是在生产实践的基础上产生和发展起来的。模线间的设计人员在绘制模线时，先按给定的数据将型值点准确地"点"到图板上。然后，采用一种称为"样条"的工具（一根富有弹性的有机玻璃条或木条），用压铁强迫它通过这些型值点，再适当调整这些压铁，让样条的形态发生变化，直至取得合适的形状，才沿着样条画出所需的曲线。如果把样条看成弹性细梁，那么压铁就可看成作用在这梁上的某些点上的集中力。GDI＋的 Graphics∷DrawCurve 函数中就有一个这样的参数用来调整集中力的大小。除了样条曲线外，GDI＋还支持原来 GDI 中的 Bezier 曲线。

(3) 独立的路径对象

在 GDI 中，路径是隶属于一个设备环境（上下文）的，也就是说一旦设备环境指针超过它的有效期，路径也会被删除。而 GDI＋是使用 Graphics 对象来进行绘图操作的，并将路径操作从 Graphics 对象分离出来，提供一个 GraphicsPath 类供用户使用。也就是说，不必担心路径对象会受到 Graphics 对象操作的影响，从而可以使用同一个路径对象进行多次的路径绘制操作。

(4) 矩阵和矩阵变换

在图形处理过程中经常需要对其几何信息进行变换，以便产生复杂的新图形，矩阵是这种图形几何变换最常用的方法。为了满足人们对图形变换的需求，GDI＋提供了功能强大的 Matrix 类来实现矩阵的旋转、错切、平移、比例等变换操作，并且 GDI＋还支持 Graphics 图形和区域（Region）的矩阵变换。

(5) Alpha 通道合成运算

在图像处理中，Alpha 用来衡量一个像素或图像的透明度。在非压缩的 32 位 RGB 图像中，每个像素由四个部分组成：一个 Alpha 通道和三个颜色分量（R、G 和 B）。当 Alpha 值为 0

时,该像素是完全透明的;而当 Alpha 值为 255 时,则该像素是完全不透明的。

Alpha 混色是将源像素和背景像素的颜色进行混合,最终显示的颜色取决于其 RGB 颜色分量和 Alpha 值。它们之间的关系可用下式表示,即

$$显示颜色 = 源像素颜色 \times Alpha / 255 + 背景颜色 \times (255 - Alpha)/255$$

GDI＋的 Color 类定义了 ARGB 颜色数据类型,从而可以通过调整 Alpha 值来改变线条、图像等与背景色混合后的实际效果。

(6) 多图片格式的支持

GDI＋提供了对各种图片的打开、存储功能。通过 GDI＋,能够直接将一幅 BMP 图片存储成 JPG 或其他格式的图片文件。

除了上述新特性外,GDI＋还将支持重新着色、色彩修正、消除走样、元数据以及 Graphics 容器等特性。

在示例的 LGUI 中实现的图形设备接口方面的功能相对比较少,只是基本的设备上下文的管理与绘图的实现。像上面提到的 GDI＋的一些高级特性基本没有提供支持。据作者所了解,在 AGG 的论坛中,有些人也把 AGG 封装成与 GDI＋相同接口的图形库,如果想定制一个 GUI 系统,在基本的窗口框架实现的前提下,完全可以参考这些实现,完善图形系统的支持功能。

第 9 章 控件实现

控件作为特殊的窗口，除了没有独立的线程用于处理消息之外，其他特征与普通窗口是相同的。如果向控件发送消息，发送者是控件的父窗口，则发送消息相当于直接调用控件的消息处理函数；如果发送者是其他窗口，则消息由控件父窗口的主线程处理，并需要调用控件的消息处理函数。

作为一个处于应用开发平台层面的 GUI 系统，除了提供 GUI 运行环境、应用开发模式、应用开发库之外，还应保证系统具有一定的开发性。所谓开发性是指可以很方便地扩充系统。在实现的 LGUI 示例代码中，一个客户应用程序的窗口分为三级，即主窗口、子窗口、控件，同时实现了 Button、PictureBox、多行文本框、单行文本框、静态文本框等控件。如果想要扩充控件集合，则可以根据控件的实现框架增加新的控件。

要增加新的控件，在 LGUI 的框架内，其实是很简单的，主要做如下几件事情：

① 添加控件的名称，这个名称全局是唯一的，所以不能与现有的名称冲突；
② 添加控件的消息处理函数，这是控件实现的主要内容；
③ 在系统启动时调用 RegisterClass 将控件注册到系统中。

9.1 如何实现一个控件

下面以系统中实现最为简单的 Button 消息处理函数来说明如何实现一个控件。

```
static LRESULT
PushButtonCtrlProc(HWND hWnd, int iMsg,
    WPARAM wParam, LPARAM lParam)
{
    POINT point;
    PWindowsTree pWin;
    RECT rc;
    HDC hDC;
    unsigned long iRetMsg;
    PAINTSTRUCT ps;
```

```c
    int iWidth,iHeight;
    HPEN hPen;
    HBRUSH hBrush;
    COLORREF crColor;
    PWNDCLASSEX pWndClass;
    LRESULT res;
    char * pString;
    int iLen;
    pWin = (PWindowsTree)hWnd;

    switch(iMsg)
    {
        case LMSG_CREATE:
            break;
        case LMSG_COMMAND:
            break;
        case LMSG_PENDOWN:
            CaptureMouse(hWnd,BYCLIENT);
            if(! IsEnable(hWnd))
                break;
            pWin->dwStyle = pWin->dwStyle | BS_BUTTON_PRESSDOWN;
            winInvalidateRect(hWnd,NULL,true);
            UpdateWindow(hWnd);
            break;
        case LMSG_PENMOVE:
            break;
        case LMSG_PENUP:
            DisCaptureMouse();
            if(! IsEnable(hWnd))
                break;
            pWin->dwStyle = pWin->dwStyle &
                    ~BS_BUTTON_PRESSDOWN;
            winInvalidateRect(hWnd,NULL,true);
            UpdateWindow(hWnd);
            NotifyParent(hWnd, BN_CLICKED);
            break;
        case LMSG_ERASEBKGND:
            //whether it's a focus control
            pWndClass = GetRegClass(pWin->lpszClassName);
            if(! pWndClass)
```

```c
            return (LRESULT)NULL;
        hBrush = pWndClass->hbrBackground;
        crColor = ((BRUSH *)hBrush)->crBrushColor;
        if(IsFocus(hWnd))
            ((BRUSH *)hBrush)->crBrushColor = RGB(93,158,255);
        else
            ((BRUSH *)hBrush)->crBrushColor = RGB(144,144,144);
        res = DefWindowProc(hWnd, iMsg, wParam, lParam);
        ((BRUSH *)hBrush)->crBrushColor = crColor;
        return res;
    case LMSG_ENABLE:
        if((BOOL)wParam)///Enable
            pWin->dwStyle &= ~WS_DISABLE;
        else//Disable
            pWin->dwStyle |= WS_DISABLE;
        break;
    case LMSG_GETTEXT:
        pString = (char *)lParam;
        if(! pString)
            return 0;
        else{
            iLen = (int)wParam;
            if(! iLen){
                strcpy(pString,pWin->lpszCaption);
                return strlen(pString);
            }
            else{
                strncpy(pString,pWin->lpszCaption,(size_t)iLen);
                return strlen(pString);
            }
        }
        break;
    case LMSG_SETTEXT:
        pString = (char *)lParam;
        strcpy(pWin->lpszCaption,pString);
        if(IsVisible(hWnd))
            winInvalidateRect(hWnd,NULL,true);
        break;
    case LMSG_NCPAINT:
```

```c
{
    //no client area drawing
    //will replace drawing procedure in defwindowproc
    hDC = (HDC)wParam;
    if(! hDC)
        return false;
    GetWindowRect(hWnd,&rc);
    SetRect(&rc,0,0,rc.right - rc.left,rc.bottom - rc.top);
    iWidth   = rc.right - rc.left + 1;
    iHeight  = rc.bottom - rc.top + 1;
    if(pWin->dwStyle & BS_BUTTON_PRESSDOWN){
        if(IsBorder(hWnd)){
            hPen = CreatePen(PS_SOLID,1,RGB(88,87,81));
            SelectObject(hDC,hPen);
            DeleteObject(hPen);
            winMoveToEx(hDC,rc.left,rc.top,&point);
            winLineTo(hDC,rc.right,rc.top);
            winMoveToEx(hDC,rc.left,rc.top,&point);
            winLineTo(hDC,rc.left,rc.bottom);
            hPen = GetStockObject(LTGRAY_PEN);
            SelectObject(hDC,hPen);
            DeleteObject(hPen);
            winMoveToEx(hDC,rc.right,rc.top + 1,&point);
            winLineTo(hDC,rc.right,rc.bottom);
            winMoveToEx(hDC,rc.right,rc.bottom,&point);
            winLineTo(hDC,rc.left,rc.bottom);
        }
    }
    else{
        if(IsBorder(hWnd)){
            hPen = GetStockObject(LTGRAY_PEN);
            SelectObject(hDC,hPen);
            DeleteObject(hPen);
            winMoveToEx(hDC,rc.left,rc.top,&point);
            winLineTo(hDC,rc.right,rc.top);
            winMoveToEx(hDC,rc.left,rc.top,&point);
            winLineTo(hDC,rc.left,rc.bottom);
            hPen = CreatePen(PS_SOLID,1,RGB(88,87,81));
            SelectObject(hDC,hPen);
```

```c
                    DeleteObject(hPen);
                    winMoveToEx(hDC,rc.right,rc.top+1,&point);
                    winLineTo(hDC,rc.right,rc.bottom);
                    winMoveToEx(hDC,rc.right,rc.bottom,&point);
                    winLineTo(hDC,rc.left,rc.bottom);
                }
            }
            break;
        }
        case LMSG_PAINT:
            ps.bPaintDirect = false;
            hDC = BeginPaint(hWnd, &ps);
            if(! hDC){
                return true;
            }
            GetWindowRect(hWnd,&rc);
            SetRect(&rc,0,0,rc.right-rc.left,rc.bottom-rc.top);
            iWidth    = rc.right  - rc.left + 1;
            iHeight   = rc.bottom - rc.top + 1;
            if(pWin->dwStyle & BS_BUTTON_PRESSDOWN){
                SetTextColor(hDC,RGB(255,0,0));
            }
            else{
                if(! IsEnable(hWnd))
                    SetTextColor(hDC,RGB(180,180,180));
                else
                    SetTextColor(hDC,RGB(0,0,255));
            }
            DrawText(hDC,pWin->lpszCaption,strlen(pWin->lpszCaption),&rc,
                DT_CENTER | DT_VCENTER);
            EndPaint(hWnd, &ps);
            break;
        case LMSG_DESTROY:
            break;
        default:
            return DefWindowProc(hWnd, iMsg, wParam, lParam);
    }
    return true;
}
```

第 9 章 控件实现

这个消息处理函数的代码虽然有点长,但逻辑上其实非常简单。

这个函数就是一个大的条件分支处理过程。主要处理的消息包括:MSG_PENDOWN、MSG_PENUP、MSG_ERASEBKGND、MSG_ENABLE、MSG_GETTEXT、MSG_SETTEXT、MSG_NCPAINT、MSG_PAINT。

也许有些人会有疑问,难道所谓在系统中增加一个控件就是写一个消息处理函数吗?那么这些消息如何才能正确地传递,系统如何知道这些消息中哪些消息应该传递到这个控件呢?

首先,需要按照一个标准的规格写这个函数,而且条件分支的消息必须是系统中定义的消息;其次,在系统启动时需要把这个窗口类注册到系统中,这样才能在应用中创建这个窗口类的实例——窗口。既然系统通过注册的窗口类知道所创建的窗口的基本特征,包括静态的外观显示与动态的消息处理函数,而且在创建窗口时指定了窗口的父窗口与窗口的位置,那么系统根据这些信息就能够知道应该怎样传递消息到所定义的控件。实际上因为控件没有单独的消息队列与消息处理线程,所谓传递消息到控件也就是调用控件的消息处理函数处理消息。

需要说明的是:如果需要发送消息到一个控件时不被阻塞,就应该在控件中对于一些非常耗时的过程做特殊的处理,例如创建新的线程,或者可以定义某些控件就是单独线程处理函数。这个问题,可以参考附带的代码中 window.c 文件,其中 CreateWindow 函数中对于 MainWindow、ChildWindow 都会创建线程。CreateControl 则没有,修改 CreateControl,使得它对于某些窗口类创建单独的线程即可以支持这个功能。

在对每一个分支进行详细说明之前,先了解一个函数:

DefWindowProc();

这个函数是在系统中预实现的一个函数。对于一个窗口或控件的消息处理函数来说,它可能只关心某几个消息,其他的一些系统消息怎样处理,便交由 DefWindowProc 来进行。所以,上面 Button 的消息处理函数,只处理了几个消息,其他消息在 default 分支中调用了 DefWindowProc。

DefWindowProc 函数的实现在 winbase.c 中,从代码里可以看到,在这个函数中处理了如下一些消息:

- MSG_ACTIVEWINDOW,当窗口被激活时调用;
- MSG_DISACTIVEWINDOW,当窗口由激活状态变为非激活状态时调用;
- MSG_ERASEBKGND,擦除窗口或控件背景时调用;
- MSG_SETFOCUS,控件获得焦点时调用;
- MSG_KILLFOCUS,控件失去焦点时调用;
- MSG_NCPAINT,窗口或控件非客户区绘制时调用;
- MSG_NCPENDOWN,窗口或控件非客户区 MouseDown 时调用;
- MSG_NCPENMOVE,窗口或控件非客户区 MouseMove 时调用;
- MSG_NCPENUP,窗口或控件非客户区 MouseUp 时调用;

9.2 不同消息的处理过程

下面把 Button 控件对于不同消息的处理过程作一下说明。

对于一个按钮来说,希望它被按下去以后有某些动作,也许希望按钮上的图片发生变化,或者希望按钮变大了一点,总之,希望看到什么,就把要实现的代码写在这里。而在示例的 LGUI 代码中,因为 Button 作为很普通的按钮,没有背景图片,没有炫目的特别效果(这些也许可以再去实现),很简单,就是看上去这个按钮被按下去了。使一个按钮"看上去"被按下去了,是通过按钮边缘线条的明暗变换实现的。

```
MSG_PENDOWN:
case LMSG_PENDOWN:
    CaptureMouse(hWnd,BYCLIENT);
    if(! IsEnable(hWnd))
        break;
    pWin->dwStyle = pWin->dwStyle | BS_BUTTON_PRESSDOWN;
    winInvalidateRect(hWnd,NULL,true);
    UpdateWindow(hWnd);
    break;
```

CaptureMouse 函数用于记录当前由哪个窗口或控件"捕获"了鼠标,记录这个信息的目的是为了系统将 MouseMove 与 MouseUp 消息发送到当前"捕获"了鼠标的窗口或控件,在这种情况下,即便 Mouse Move 与 MouseUp 事件的坐标点不在"捕获者"的矩形范围内,这两个消息也会发送到捕获者。如果不做这个记录,当 MouseUp 的时候,系统就不知道该将这个消息发送给哪个窗口或控件。如果只是简单地发送到 MouseUp 时坐标点所在位置的窗口或控件,就会发生错误。

可以看到,代码里并没有直接绘制按钮的内容,而是通过设置一个状态位后调用了 winInvalidateRect 函数。从窗口无效区的描述中可知,InvalidateRect 函数会设定一个无效区,同时发送重绘消息,而 UpdateWindow 函数将使得重绘操作立刻完成。

```
MSG_PENUP:
case LMSG_PENUP:
    DisCaptureMouse();
    if(! IsEnable(hWnd))
        break;
    pWin->dwStyle = pWin->dwStyle & ~BS_BUTTON_PRESSDOWN;
    winInvalidateRect(hWnd,NULL,true);
    UpdateWindow(hWnd);
```

```
NotifyParent(hWnd, BN_CLICKED);
break;
```

MouseUp 时，首先会释放"捕获"的鼠标。然后设置状态位并调用 InvalidateRect 重绘按钮。与 MouseDown 不同的是最后会调用 NotifyParent 函数。这个函数的作用就是通知按钮的父窗口这个控件上有一个 MouseUp 事件发生，由于函数中传递了按钮的句柄，所以按钮的父窗口可以根据按钮的句柄得到是窗口上的哪一个按钮的 click 事件，然后对事件进行处理。

```
MSG_ERASEBKGND:
case LMSG_ERASEBKGND:
    //whether it's a focus control
    pWndClass = GetRegClass(pWin->lpszClassName);
    if(! pWndClass)
        return (LRESULT)NULL;
    hBrush = pWndClass->hbrBackground;
    crColor = ((BRUSH*)hBrush)->crBrushColor;
    if(IsFocus(hWnd))
        ((BRUSH*)hBrush)->crBrushColor = RGB(93,158,255);
    else
        ((BRUSH*)hBrush)->crBrushColor = RGB(144,144,144);
    res = DefWindowProc(hWnd, iMsg, wParam, lParam);
    ((BRUSH*)hBrush)->crBrushColor = crColor;
    return res;
```

对于这个分支，需要了解的是：在 LGUI 实现的示例代码中，其他窗口或者系统（指桌面进程）并不会向任何一个窗口发送 ERASEBKGND 消息。窗口在绘制时首先会调用 BeginPaint()，在这个系统函数中，会通过 SendMessage 调用到窗口消息处理函数中的这个消息分支。

在 Button 的消息处理函数中，对于 ERASEBKGND 这个消息的处理过程是这样的：先通过 GetRegClass 得到窗口的注册窗口类信息，然后根据窗口（控件）的当前状态，是否获取了当前焦点设置不同的背景色，最后调用 DefWindowProc() 来清除 Button 的背景。

```
MSG_ENABLE:
case LMSG_ENABLE:
    if((BOOL)wParam)///Enable
        pWin->dwStyle &= ~WS_DISABLE;
    else//Disable
        pWin->dwStyle |= WS_DISABLE;
    break;
```

这个消息就是使 Button 处于 Enable 状态或 Disable 状态。在 Windows 系统中，如果设置一个按钮的状态为 Disable,则这个按钮在显示时会处于"灰"状态,使得使用者直观地了解到按钮是不可使用的。在 LGUI 实现的示例代码中,没有做复杂的处理,如果想增加这样的功能,可以这样实现:

```
case LMSG_ENABLE:
    if((BOOL)wParam)///Enable
        pWin->dwStyle &= ~WS_DISABLE;
    else//Disable
        pWin->dwStyle |= WS_DISABLE;
    winInvalidataRect(hWnd, NULL, true);
    UpdateWindow(hWnd);
    break;
```

然后在 Button 的 MSG_PAINT 分支中,根据是否设置了 Enable 或 Disable 做不同的绘制。

```
MSG_GETTEXT:
case LMSG_GETTEXT:
    pString = (char *)lParam;
    if(! pString)
        return 0;
    else{
        iLen = (int)wParam;
        if(! iLen){
            strcpy(pString,pWin->lpszCaption);
            return strlen(pString);
        }
        else{
            strncpy(pString,pWin->lpszCaption,(size_t)iLen);
            return strlen(pString);
        }
    }
    break;
```

通过这个分支,调用者可以获取到 Button 上显示的文本内容,从代码中可以看到,返回的内容将保存在 lParam 转换为指针后所指向的容,那么,也就是说在调用这个分支之前,lParam 所指向的空间地址应该事先被分配出来,一个典型的调用应该如下所示。

```
char * szString;
szString = (char *)malloc(MAX_LEN);
SendMessage(hWnd, LMSG_GETTEXT,
```

第 9 章　控件实现

```
        (WPARAM)MAX_LEN,(LPARAM)szString);
MSG_SETTEXT:
case LMSG_SETTEXT:
    pString = (char *)lParam;
    strcpy(pWin->lpszCaption,pString);
    if(IsVisible(hWnd))
        winInvalidateRect(hWnd,NULL,true);
    break;
```

这个消息处理分支的功能是设置 Button 上显示的文本内容,如果当前这个 Button 是可视的,则重新绘制这个按钮,使得更改马上显示出来。

```
MSG_NCPAINT:
case MSG_NCPAINT:
    hDC = (HDC)wParam;
    if(! hDC)
        return false;
    GetWindowRect(hWnd,&rc);
    SetRect(&rc,0,0,rc.right-rc.left,rc.bottom-rc.top);
    iWidth    = rc.right - rc.left + 1;
    iHeight   = rc.bottom - rc.top + 1;
    if(pWin->dwStyle & BS_BUTTON_PRESSDOWN){
        if(IsBorder(hWnd)){
            ……
        }
    }
    else{
        if(IsBorder(hWnd)){
            ……
        }
    }
    break;
```

从前面章节的叙述中可以知道,在 LGUI 中实现的示例系统中,任何一个窗口在屏幕上显示的区域,分为客户区与非客户区,对于一个按钮来说,非客户区就是按钮的边缘,所以在 Button 消息处理函数中对于非客户区的绘制消息,就是根据当前是否被按下的状态绘制不同的按钮边缘。

```
MSG_PAINT:
    case LMSG_PAINT:
```

```
            ps.bPaintDirect = false;
            hDC = BeginPaint(hWnd, &ps);
            if(! hDC){
                return true;
            }
            GetWindowRect(hWnd,&rc);
            SetRect(&rc,0,0,rc.right - rc.left,rc.bottom - rc.top);
            iWidth    = rc.right  - rc.left + 1;
            iHeight   = rc.bottom - rc.top + 1;
            if(pWin->dwStyle & BS_BUTTON_PRESSDOWN){
                SetTextColor(hDC,RGB(255,0,0));
            }
            else{
                if(! IsEnable(hWnd))
                    SetTextColor(hDC,RGB(180,180,180));
                else
                    SetTextColor(hDC,RGB(0,0,255));
            }
            DrawText(hDC,pWin->lpszCaption,strlen(pWin->lpszCaption),&rc,
DT_CENTER | DT_VCENTER);
            EndPaint(hWnd, &ps);
            break;
```

为了处理剪切域、清空背景等，对于任何一个窗口的绘制消息，都要求以调用 BeginPaint()函数开始，以调用 EndPaint()函数结束。Button 的消息处理函数中 Paint 消息的分支也是一样的。这两个函数调用中间的内容就是人们希望一个按钮绘制的内容，可以看到，处理过程就是根据按钮是否被按下以及未被按下时，是否为 Disable/Enable 状态设置文本的颜色，然后调用 DrawText 输出出来。

从上述内容可以看到，除了控件本身的逻辑之外，控件在 LGUI 中的实现是很简单的。如果想实现一个有较复杂功能的控件，可以参考 Button 的消息处理函数示例。例如，可以实现一个动态的钟表控件，用来显示当前时间。甚至更为复杂的可以实现一个 Flash 播放的控件。对于一个 GUI 系统来说，支持多少个控件是 GUI 功能是否强大的标志，但 GUI 的框架并不关心一个控件内部的逻辑，从 GUI 框架这个角度看来，能够提供一个控件与系统的边界就足够了。LGUI 提供的这个边界就是注册控件的窗口类，以及控件的消息处理函数的模板。

LGUI 中实现的编辑框从功能角度讲更为复杂一些，尤其多行的文本编辑框需要考虑文本的插入、删除、修改等。但是，从编辑框控件与系统的边界这个角度来看，编辑框与作为示例的 Button 没有任何区别。

第 10 章

定制 GUI 对图像的支持

作为一个图形用户界面,能够支持不同格式图像的显示是一个基本要求,否则,GUI 作为用户界面的友好性就要大打折扣。如果窗口只供显示文字,任何图像都不能支持,那肯定会让用户感觉到"不好玩"。假设定制的 GUI 系统面向消费类电子产品,而消费类电子产品的一大特点就是"用户感受",它一定程度上决定了产品价值。这也充分说明"能显示图片"在一个嵌入式 GUI 系统中的重要性。

从下载的 LGUI 示例代码中可以看到,LGUI 目前只支持 24 位色 bmp 格式的图像,这只能支持简单的应用。bmp 图片是没有经过压缩的,会占用大量的存储空间,所以现在除了用户界面本身需要的图像要素之外,大部分图片都不会采用 bmp 格式进行存储,而是采用经过压缩的 jpeg、png、gif 等格式。所谓用户界面本身使用的图像要素是指桌面图标、窗口标题等系统需要管理与输出的图像。这些图像使用 bmp 格式的原因在于:这些图片一般都比较小,而且 bmp 图像不需要进行解码,有利于提高系统的效率。

在前面章节中详细说明了如何定制一个控件,假设客户的需求明确要求 GUI 系统需要具有图像浏览的功能,例如,这个 GUI 系统可能会用于数码相机,或者数码相框之类电子产品,那么,在定制 GUI 时必须要实现一个图像浏览的控件,这个控件至少要支持 bmp、jpeg、gif、png 等常见的图片格式,这样,应用开发者就可以基于所提供的 GUI 框架与图片浏览控件完成一个数码相框或数码相机的界面系统。

10.1 GUI 中图像解码的基本需求

简单来说,就是能够将一个既定格式的图像文件在窗口中显示出来。其实现过程是:先把图像文件进行解码,所谓解码的过程就是将图像还原为顺序排列的像素点。其中包括的信息为:像素点的位置与色彩值。当然在支持色彩 Alpha 的图像中,还包括这一点的 Alpha 值。

图像解码过程如图 10-1 所示。

清楚了这个过程以后,编写控件就很容易,对于不同格式的图像文件,调用相应的解码程序在内存中生成解码后的图像数据,然后复制到窗口的客户区即可。其中解码过程是关键。下面分别就不同图像格式作一个简单介绍。网络上也有一些详细的文档来描述相关的图像格

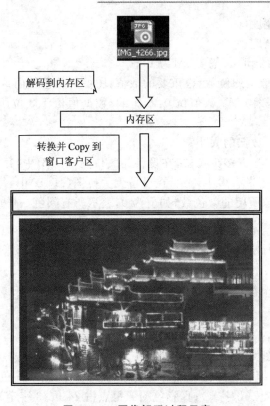

图 10-1 图像解码过程示意

式,可以据此编写相应的解码程序,当然读者也可以使用开源的代码来完成这个工作,需要注意知识产权问题,有些图形格式是需要商业授权的。

10.2 BMP 文件

BMP 文件一般由 4 部分组成:文件头信息块、图像描述信息块、颜色表(在真彩色模式无颜色表)和图像数据区组成。

1. 文件头信息块

0000～0001:文件标识,为字母 ASCII 码"BM";

0002～0005:文件大小;

0006～0009:保留,每字节以"00"填写;

000A～000D:记录图像数据区的起始位置。各字节分别表示,文件头信息块大小,图像描述信息块的大小,图像颜色表的大小,保留(为 01)。

2. 图像描述信息块

000E～0011:图像描述信息块的大小,常为 0x28;

0012～0015：图像宽度；
0016～0019：图像高度；
001A～001B：图像的 plane 总数(恒为 1)；
001C～001D：记录像素的位数，很重要的数值，图像的颜色数由该值决定；
001E～0021：数据压缩方式(数值位 0：不压缩；数据值位 1：8 位压缩；数据值位 2：4 位压缩)；
0022～0025：图像区数据的大小；
0026～0029：水平每米有多少像素，在设备无关位图(.DIB)中，每字节以 0x00 填写；
002A～002D：垂直每米有多少像素，在设备无关位图(.DIB)中，每字节以 0x00 填写；
002E～0031：此图像所用的颜色数，如值为 0，表示所有颜色一样重要。

3. 颜色表

颜色表的大小根据所使用的颜色模式而定：2 色图像为 8 字节；16 色图像为 64 字节；256 色图像为 1 024 字节。其中，每 4 字节表示一种颜色，并以 B(蓝色)、G(绿色)、R(红色)、alpha (32 位位图的透明度值，一般不需要)，即首先 4 字节表示颜色号 1 的颜色，接下来表示颜色号 2 的颜色，以此类推。

4. 图像数据区

颜色表接下来为位图文件的图像数据区，在此部分记录着每点像素对应的颜色号，其记录方式也随颜色模式而定，即 2 色图像每点占 1 位(8 位为 1 字节)；16 色图像每点占 4 位(半字节)；256 色图像每点占 8 位(1 字节)；真彩色图像每点占 24 位(3 字节)。所以，整个数据区的大小也会随之变化。由此可得出如下计算公式，即

$$图像数据信息大小 = (图像宽度 \times 图像高度 \times 记录像素的位数)/8$$

BMP 文件还有一个对齐的问题。

例如，设显示模式位 16 色，在每个字节分配两个点信息时，如果图像的宽度为奇数，那么最后一个像素点的信息将独占一个字节，这个字节的后 4 位将没有意义。接下来的一个字节将开始记录下一行的信息。

为了显示的方便，除了真彩色外，其他的每种颜色模式的行字节数要用数据"00"补齐为 4 的整数倍。如果显示模式为 16 色，当图像宽为 19 时，存储时每行则要补齐 4－(19/2＋1)％4＝2 个字节(加 1 是因为里面有一个像素点独占了一字节)。如果显示模式为 256 色，当图像宽为 19 时，每行也要补充 4－19％4＝1 个字节。

10.3　JPEG 文件

JPEG 是 Joint Photographic Experts Group(联合图像专家组)的缩写，文件后缀名为 .jpg 或 .jpeg，是最常用的图像文件格式。JPEG 图像的压缩比很高，能够将图像压缩在很小的存储

空间，但 JPEG 是一种有损图像压缩格式，在压缩过程中图像中的部分信息会丢失，因此容易造成图像数据的损伤，尤其是使用过高的压缩比例，将使最终解压缩后恢复的图像质量明显降低。JPEG 压缩技术十分先进，它用有损压缩方式去除冗余的图像数据，在获得极高的压缩率的同时能展现十分丰富生动的图像，也就是说：虽然 JPEG 图像压缩使得图形有损伤，但一般情况下肉眼难以分辨，而数据的压缩比却能数倍数十倍地节省存储空间。JPEG 压缩比率通常在 10∶1～40∶1 之间，压缩比越大，品质就越低；相反地，压缩比越小，品质就越好，需要时可以在图像质量和文件尺寸之间找到平衡点。

JPEG 的图片使用的是 YCrCb 颜色模型，而不是计算机上最常用的 RGB。关于色彩模型。YCrCb 模型更适合图形压缩，因为人眼对图片上的亮度 Y 的变化远比色度 C 的变化敏感。因而完全可以每个点保存一个 8 bit 的亮度值，每 2×2 个点保存一个 Cr Cb 值，而图像在肉眼中的感觉不会起太大的变化。所以，原来用 RGB 模型，4 个点需要 4×3＝12 字节，而现在仅需要 4＋2＝6 字节。平均每个点占 12 bit。

[R G B] －＞ [Y Cb Cr]转换
(R,G,B 都是 8bit unsigned)
$Y = 0.299 \times R + 0.587 \times G + 0.114 \times B$ (亮度)
$Cb = -0.1687 \times R - 0.3313 \times G + 0.5 \times B + 128$
$Cr = 0.5 \times R - 0.4187 \times G - 0.0813 \times B + 128$
[Y,Cb,Cr] －＞ [R,G,B]转换
$R = Y + 1.402 \times (Cr-128)$
$G = Y - 0.34414 \times (Cb-128) - 0.71414 \times (Cr-128)$
$B = Y + 1.772 \times (Cb-128)$

一般，C 值（包括 Cb Cr)应该是一个有符号的数字，但这里被处理过了，方法是加上 128。JPEG 里的数据都是无符号 8 位的。

JPEG 编解码源代码可从以下网站下载：
ftp://ftp.uu.net/graphics/jpeg/jpegsrc.v6b.tar.gz

10.4 GIF 文件

GIF(Graphics Interchange Format，图形交换格式)文件是由 CompuServe 公司开发的图形文件格式，版权归该公司所有，任何商业目的使用须经过该公司授权。

GIF 图像是基于颜色列表的(存储的数据是该点的颜色对应于颜色列表的索引值)，最多只支持 8 位(256 色)。GIF 文件内部分成许多存储块，用来存储多幅图像或者是决定图像表现行为的控制块，用以实现动画和交互式应用。GIF 文件还通过 LZW 压缩算法压缩图像数

据来减少图像尺寸。

LZW压缩的原理：提取原始图像数据中的不同图案，基于这些图案创建一个编译表，然后用编译表中的图案索引来替代原始光栅数据中的相应图案，减少原始数据大小。看起来和调色板图像的实现原理差不多，但不同之处在于，这里的编译表不是事先创建好的，而是根据原始图像数据动态创建的，解码时还要从已编码的数据中还原出原来的编译表（GIF文件中是不携带编译表信息的）。

GIF文件内部是按块划分的，包括控制块（Control Block）和数据块（Data Sub-blocks）两种。控制块是控制数据块行为的，根据不同的控制块包含一些不同的控制参数；数据块只包含一些8 bit的字符流，由它前面的控制块来决定它的功能，每个数据块大小从0~255个字节，数据块的第一个字节指出这个数据块大小（字节数），计算数据块的大小时不包括这个字节，所以一个空的数据块有一个字节，那就是数据块的大小0x00。

一个GIF文件的结构可分为文件头（File Header）、GIF数据流（GIF Data Stream）和文件终结器（Trailer）三个部分。文件头包含GIF文件署名（Signature）和版本号（Version）；GIF数据流由控制标识符、图像块（Image Block）和其他的一些扩展块组成；文件终结器只有一个值为0x3B的字符;。

因为GIF格式由CompuServe公司拥有版权，所以如果读者发布的软件基于商业用途而其中包括了GIF文件格式，则需要得到该公司授权才可以。有一种方法就是可以在应用的GUI中调用GIF文件的解码，但并不包括GIF格式支持库，GIF支持库由使用者去与CompuServe公司解决商业授权问题。

10.5　PNG文件

Png意为Portable Network Graphics。

PNG是20世纪90年代中期开始开发的图像文件存储格式，其目的是希望能替代GIF和TIFF文件格式，同时增加一些GIF文件格式所不具备的特性。PNG用来存储灰度图像时，灰度图像的深度可多到16位，存储彩色图像时，彩色图像的深度可多到48位，并且还可存储多到16位的α通道数据。PNG使用从LZ77派生的无损数据压缩算法。

1. 保留的特性

PNG文件格式保留了GIF文件格式的下列特性：
- 使用调色板，可支持256种颜色的彩色图像。
- 流式读/写性能（streamability），图像文件格式允许连续读出和写入图像数据，这个特性很适合于在通信过程中生成和显示图像。
- 逐次逼近显示（progressive display），这种特性可使在通信过程中传输图像文件的同时就在终端上显示图像，把整个轮廓显示出来之后逐步显示图像的细节，也就是先用低分辨率显示图像，然后逐步提高它的分辨率。

- 透明性(transparency),这个性能可使图像中某些部分不显示出来,用来创建一些有特色的图像。
- 辅助信息(ancillary information),这个特性可用来在图像文件中存储一些文本注释信息。
- 使用无损压缩。

2. 增加的特性

PNG文件格式中增加了下列GIF文件格式所没有的特性:

- 灰度图像的深度可到到16位;彩色图像时,彩色图像的深度可到到48位。
- 可为灰度图和真彩色图添加α通道。
- 添加图像的γ信息。
- 使用循环冗余码CRC(cyclic redundancy code)检测损害的文件。
- 加快图像显示的逐次逼近显示方式。
- 标准的读/写工具包。
- 可在一个文件中存储多幅图像。

3. 文件结构

PNG图像格式文件(或者称为数据流)由一个8字节的PNG文件署名(PNG file signature)域和按照特定结构组织的3个以上的数据块(chunk)组成。

PNG定义了两种类型的数据块,一种是称为关键数据块(critical chunk),这是标准的数据块,另一种叫做辅助数据块(ancillary chunks),这是可选的数据块。关键数据块定义了4个标准数据块,每个PNG文件都必须包含它们,PNG读/写软件也都必须要支持这些数据块。虽然PNG文件规范没有要求PNG编译码器对可选数据块进行编码和译码,但规范提倡支持可选数据块。

(1) PNG文件署名域

8字节的PNG文件署名域用来识别该文件是不是PNG文件。该域的值是:

十进制数 137 80 78 71 13 10 26 10;

十六进制数 89 50 4e 47 0d 0a 1a 0a。

(2) 数据块的结构

Length(长度),占4字节,指定数据块中数据域的长度,其长度不超过$(2^{31}-1)$字节。

Chunk Type Code(数据块类型码),占4字节,数据块类型码由ASCII字母(A~Z和a~z)组成。

Chunk Data(数据块数据),可变长度,存储按照Chunk Type Code指定的数据。

CRC(循环冗余检测),4字节,存储用来检测是否有错误的循环冗余码。

Png的读/写库是开源的,源码可从以下网站下载:

http://www.libpng.org/pub/png/libpng.html

第 11 章

字库及输入法的实现

11.1 字符集与字符编码

信息技术的发展使得要弄清楚现在世界上各种各样的字符编码,的确不是一件容易的事情。如果花了很长时间开发了一个 GUI 系统,别人肯定会问一个问题:这个 GUI 支持什么样的字符集?回答这个问题还真有点技术方面的难度。所谓"支持某种字符集"是指在系统中如何存储一个字符串,还是指系统中可以显示多少种字符呢?在现在各种各样的字符集中,有可能 A 字符集是 B 字符集的超集,而 C 字符集又与 D 字符集有交集等。所以窗口应该至少能够显示 ASCII 字符。

11.1.1 ASCII 码

ASCII 码是用一个字节表示所有字符。

7 位(00～7F)。32～127 表示字符。32 是空格,32 以下是控制字符(不可见)。这种定义在编码发展过程中已达成了共识,制定了 ASCII 标准。而 128 位以上的编码可能有不同的解释。在亚洲,正是使用最高位,才有了 DBCS。

11.1.2 DBCS 双字符集

DBCS 兼容 ASCII,也就是说,在 DBCS 中,与 ANSI 所表示的字符是一样的。即 DBCS 并不总是用两个字节表示一个字体,只是在需要的时候,最多用两个字节来表示。DBCS 是一种统称,一种泛指。具体来说,Shift-JIS、GB 2312、BIG 5、GKB、GB 18030 等都是 DBCS 的一种具体实现方案。

我国国家标准局于 1981 年 5 月颁布了《信息交换用汉字编码字符集——基本集》,代号为 GB 2312—80,共对 6 763 个汉字和 682 个图形字符进行了编码。其编码原则为:汉字用两个字节表示,每个字节用七位码(高位为 0);国家标准将汉字和图形符号排列在一个 94 行 94 列的二维代码表中;每两个字节分别用两位十进制编码,前字节的编码称为区码,后字节的编码称为位码,此即区位码,如"保"字在二维代码表中处于 17 区第 3 位,区位码即为"1703"。

GB 2312 支持的汉字太少。1995 年的汉字扩展规范 GBK 1.0 收录了 21 886 个符号,它分为汉字区和图形符号区。汉字区包括 21 003 个字符。

2000 年的 GB 18030 是取代 GBK 1.0 的正式国家标准。该标准收录了 27 484 个汉字,同时还收录了藏文、蒙文、维吾尔文等主要的少数民族文字。

从 ASCII、GB 2312、GBK 到 GB 18030,这些编码方法是向下兼容的,即同一个字符在这些方案中总是有相同的编码,后面的标准支持更多的字符。

在 DBCS 编码中,英文和中文可以统一处理。区分中文编码的方法是高字节的最高位不为 0。那么,如果一个字符串顺序处理,可以正确区分西文字符与汉字,如果反向解析则比较麻烦。

11.1.3 Unicode

Unicode 也是一种字符编码方法,不过它是由国际组织设计,可以容纳全世界所有语言文字的编码方案。Unicode 的学名是 Universal Multiple-Octet Coded Character Set,简称为 UCS。UCS 可以看做是 Unicode Character Set 的缩写。前面提到从 ASCII、GB 2312、GBK 到 GB 18030 的编码方法是向下兼容的。而 Unicode 只与 ASCII 兼容(更准确地说,是与 ISO-8859-1 兼容),与 GB 码不兼容。例如"汉"字的 Unicode 编码是 6C49,而 GB 码是 BABA。

很多人还存在这样的误解:Unicode 就是每个字符占 16 位,所以一共有 65 536 个可能的字符。事实上,这个说法是错误的,而且大部分人都犯了这个错误。

实际上,Unicode 理解字符的方式是截然不同的,而这是必须了解的。到目前为止,大多数人都曾经认为:一个字符对应到一些在磁盘上或内存中储存的位(bit)。如:A 对应 0100 0001,但是在 Unicode 中,一个字符被赋予一个数字,例如 U+0645,叫做 code point。

可以通过 charmap 命令来查看所有这些编码,或者访问 Unicode 的网站(http://www.unicode.org)。在 Unicode 中 code point 的数字大小是没有限制的,而且也早就超过了 65 535,所以不是每个字符都能存储在两个字节中。那么,一个字符串 Hello 在 Unicode 中会表示成 5 个 code points:U+0048 U+0065 U+006C U+006C U+006F。这只不过是一些数字,这些数字在 Unicode 的编码体系中表示一串字符,但这并不表明这串字符在计算机内部,例如内存中。文件中也会通过同样的数字来表示。

如果 Unicode 字符集中的字符个数不超过 65 535 个,那么在计算机中使用两个字节表示所有 Unicode 字符是可以实现的。实际上,Unicode 早期版本正好在这个范围之内,但 Unicode4.0 之后定义了一组附加字符编码。附加字符编码采用 2 个 16 位来表示。这种情况下,用两个节字已经无法表示全部 Unicode 字符集了。

目前,实现的 Unicode 编码主要有三种:UTF-8、UCS-2 和 UTF-16。

1. UTF-8

UTF-8 是一种 8 位的 Unicode 字符集,编码长度是可变的,并且是 ASCII 字符集的严格交集,也就是说 ASCII 中每个字符的编码在 UTF-8 中是完全一样的。UTF-8 字符集中,一个字符可能是 1 个字节、2 个字节、3 个字节或者 4 个字节,最长可达 6 个字节,如下所示:

```
00000000 0000007F 0vvvvvvv
00000080 000007FF 110vvvvv 10vvvvvv
00000800 0000FFFF 1110vvvv 10vvvvvv 10vvvvvv
00010000 001FFFFF 11110vvv 10vvvvvv 10vvvvvv 10vvvvvv
00200000 03FFFFFF 111110vv 10vvvvvv 10vvvvvv 10vvvvvv 10vvvvvv
04000000 7FFFFFFF 1111110v 10vvvvvv 10vvvvvv 10vvvvvv 10vvvvvv 10vvvvvv
```

一般来说,欧洲的字母字符长度为 1~2 个字节,而亚洲的大部分字符则是 3 个字节,附加字符为 4 个字节。

UTF-8 的优点如下:
- 对于欧洲字母字符需要较少的存储空间;
- 容易从 ASCII 字符集向 UTF-8 迁移;
- HTML 和大多数浏览器也支持 UTF-8。

2. UCS-2

UCS-2 是固定长度为 16 位的 Unicode 字符集。每个字符都是 2 个字节,UCS-2 只支持 Unicode 3.0,所以不支持附加字符。

UCS-2 的优点如下:
- 对于亚洲字符的存储空间需求比 UTF-8 少,因为每个字符都是 2 个字节;
- 处理字符的速度比 UTF-8 更快,因为是固定长度编码的。

3. UTF-16

UTF-16 也是一种 16 位编码的字符集。实际上,UTF-16 就是 UCS-2 加上附加字符的支持,也就是符合 Unicode 4.0 规范的 UCS-2。所以 UTF-16 是 UCS-2 的严格交集。

UTF-16 中的字符,要么是 2 个字节,要么是 4 个字节。UTF-16 主要在 Windows 2000 以上版本使用。

UTF-16 相对 UTF-8 的优点,与 UCS-2 是一致的。

由于世界上存在各种各样的编译,所以,在任何时间,对于一个消息的提供者与消息的使用者而言,如果事先不约定使用怎样的编码,则相互之间很难确定要表达的意思是什么。例如:你做了一个网页放到网站上供别人浏览,如果不通过某种方式注明所使用的编码规则,浏览器就无法获知怎样解析这些字符流。幸好,在所有的编码中,基本而言,ASCII 中 32~127 之间的字符的编码是基本相同的,这使得至少有一种大家都熟悉的编码方式来表达"元信息"。这类似于以下场景:假设 A 与 B 两人都会很多种语言,他们要交谈之前首先要约定使用哪国语言,是汉语、日语、还是阿拉伯语。A 首先说:我要用汉语与你交谈,B 说我知道了。但 A 和

B用什么语言说这句话呢？因为英语是他们都熟知的语言，所以 A 与 B 先使用英语达成后面使用何种语言进行沟通的共识，然后再使用该种语言进行交谈。如果打开一个网页，然后看这个网页的源文件，可以看到以下的内容：

```
<html>
<head>
<meta http-equiv=content-type content="text/html;charset=UTF-8">
```

这也就是告诉浏览器，网面的内容是使用 UTF-8 的编码方式。

11.2 在嵌入式 GUI 中如何支持字符集与编码

如果开发了一个 GUI 系统，那么，应准备支持什么字符集并如何进行编码呢？

回答这个问题首先需要明确，GUI 系统准备支持什么功能。假设 GUI 系统在一个简单的智能终端上使用，终端上只有一个界面用于显示当前系统的状态，全部可见的字符不超过 20 个，这时，系统准备要支持 Unicode 4.0 字符集，并使用 UTF-16 编码，用 2 个字节或 4 个字节表示一个字符，则太夸张了。如果系统准备用于一个通用的系统平台，如 PDA，这个平台上可能会运行各种应用，如 Office、浏览器、GPS 导航、电话等。这时，如果 GUI 只支持 ASCII 字符集，使用 ASCII 编码方案，则至少对于中国人来说无法满足使用要求。

这里讲的定制 GUI 系统，可以认为：满足使用要求的最小集合至少在开发周期、维护成本、系统资源需求这些角度就是最好的方案。例如对于前面所说的那种最多 20 个汉字的智能终端，支持的字符集就是所定制的字符集，一共 20 个元素；编码自然也是自定义的编码，不同于当今世界任何一种流行编码。不过你可能会面临一个很难回答的问题：你的 GUI 支持什么字符集？

例如界面上显示

温度：XXX；

湿度：XXX；

电流：XXX；

电压：XXX；

功率：XXX；

那么可能的编码是

0——0x00　(0000 0000)

1——0x01　(0000 0001)

2——0x02　(0000 0010)

3——0x03　(0000 0011)

4——0x04　(0000 0100)

5——0x05　(0000 0101)

第 11 章　字库及输入法的实现

```
6——0x06   (0000 0110)
7——x0x7   (0000 0111)
8——0x08   (0000 1000)
9——0x09   (0000 1001)
温——0x0a  (0000 1010)
度——0x0b  (0000 1011)
湿——0x0c  (0000 1100)
电——0x0d  (0000 1101)
流——0x0e  (0000 1110)
压——0x0f  (0000 1111)
功——0x10  (0001 0000)
率——0x11  (0001 0001)
：——0x12  (0001 0010)
空格——0x13 (0001 0011)
℃——0x1f(0001 0100)
```

11.3　在 GUI 中选择合适的字符集

如果希望开发的 GUI 系统能支持一些较为复杂的应用,使用者基本上都在中国内地,并且确定绝大部分情况下,使用的字符不会超出 GB 2312 字符集的范围,那么就可以考虑使用 GB 2312——在国内嵌入式系统中使用频率最高的字符集。理由是:对于大部分应用来讲,6 000 多个常用汉字已经足够,例如手机终端、MP3/MP4、游戏机、电视机顶盒、DVD 播放机等;另外,6 000 多个汉字如果按照 16×16 的汉字点阵来计算的话,全部加载到内存所需空间为:32×6 000＝200K 左右,如此规模的空间需求对于目前的硬件环境来讲并不算大。

可以为这些汉字以及 32～127 之间的 ASCII 字符重新编码,但要记住开发的 GUI 应该处于应用支持开发平台层面,所以至少应该为应用开发者提供字符串操作的 API 函数;另外,如果应用环境是开放的(所谓开放,是指有可能其他外部的系统会访问你存储的一些信息),那么有必要为这种应用需求提供文件转换功能,否则系统了解的信息,外部系统因为编码不同而无法解析。

实际上,如果没有其他复杂的应用需求,使用汉字 GB 2312 字符集的国标码未尝不是一个好的选择(国标码到汉字内码之间有一个转换关系)。这个编码至少有两个好处,现在流行的操作系统 Windows、Linux 都支持这个编码,如果现在还有"纯文本"这个概念的话,不妨认为这个编码的文件就是所谓的"纯文本"。所以,开发的系统与其他系统交换信息将变得非常方便;另外一个好处是,C 语言中认为 0 为字符串的结束标志,在这个编码里也不会有任何一个编码其中的一个字节会有一个0出现,所以可以放心使用C语言标准库中的字符串函数。

但是,如果GUI系统准备支持国际化的应用,基于GUI开发的应用系统会卖到国外去,则应该考虑使用Unicode编码。就目前阶段而言,使用UTF-8编码或UTF-16编码的Unicode2.0字符集能够支持绝大多数应用。如果认为固定长度的UTF-16编码应用起来更加方便,则可以选择这个编码方式。

11.4 关于字库的问题

不论系统支持何种字符集,不论在系统中使用何种编码,作为GUI,最终要使那些字符在一个与用户交互的环境中展示给用户。这就需要一个字库来实现。所谓字库,就是包含文字形状信息的一个集合。字库有矢量字库与点阵字库,由于矢量字体的使用需要占用较多的系统资源,所以嵌入式系统一般使用点阵字库。

对于点阵字库,有一些专门制作点阵字库的公司或机构,当然这样的字库也是有版权的。如果要在系统中使用,则可以去购买这样的字库。还有一种方法可以获得免费字库,那就是通过一些转换软件,可以将Windows的TTF字符转换成点阵字库,但转换的字符表现效果会稍差一点。这样的软件可以从互联网上获得。

字库生成以后会存放在一个文件中,在设计GUI系统的时候,可以根据系统资源状况选择将字库加载到内存中或是需要的时候从文件中读取,或是采用折中方案,将一些常用的字符点阵加载的内存,而不常用的选择在需要的时候再从文件中加载。但无论何种方案,有一个问题是首先要解决的,那就是如何在字库中定位一个字符的点阵。

假设有一个字库文件,如果需要在系统的窗口上显示一个英文字符"A",一个汉字字符"汉",那这两个字模如何在文件中定位呢?

关于这个问题可以参考LGUI的有关代码。还有GB 2312编码表。

GB 2312编码的分区如下:

code	+0	+1	+2	+3	+4	+5	+6	+7	+8	+9	+A	+B	+C	+D	+E	+F
A1A0		、	。	·	‐	ˇ	¨	〃	々	—	~	‖	…	'	'	
A1B0	"	"	、	〔	〕	〈	〉	《	》	「	」	『	』	〖	〗	【	】
A1C0	±	×	÷	:	∧	∨	∑	∏	∪	∩	∈	∷	√	⊥	∥	∠
A1D0	⌒	⊙	∫	∮	≡	≌	≈	∽	∝	≠	≮	≯	≤	≥	∞	∵
A1E0	∴	♂	♀	°	′	″	℃	$	¤	¢	£	‰	§	№	☆	★
A1F0	○	●	◎	◇	◆	□	■	△	▲	※	→	←	↑	↓	=	

第 11 章 字库及输入法的实现

code	+0	+1	+2	+3	+4	+5	+6	+7	+8	+9	+A	+B	+C	+D	+E	+F
A2A0		ⅰ	ⅱ	ⅲ	ⅳ	ⅴ	ⅵ	ⅶ	ⅷ	ⅸ	ⅹ					
A2B0		1.	2.	3.	4.	5.	6.	7.	8.	9.	10.	11.	12.	13.	14.	15.
A2C0	16.	17.	18.	19.	20.	(1)	(2)	(3)	(4)	(5)	(6)	(7)	(8)	(9)	(10)	(11)
A2D0	(12)	(13)	(14)	(15)	(16)	(17)	(18)	(19)	(20)	①	②	③	④	⑤	⑥	⑦
A2E0	⑧	⑨	⑩			㈠	㈡	㈢	㈣	㈤	㈥	㈦	㈧	㈨	㈩	
A2F0		Ⅰ	Ⅱ	Ⅲ	Ⅳ	Ⅴ	Ⅵ	Ⅶ	Ⅷ	Ⅸ	Ⅹ	Ⅺ	Ⅻ			

code	+0	+1	+2	+3	+4	+5	+6	+7	+8	+9	+A	+B	+C	+D	+E	+F
A3A0		！	＂	＃	￥	％	＆	＇	（	）	＊	＋	，	－	．	／
A3B0	０	１	２	３	４	５	６	７	８	９	：	；	＜	＝	＞	？
A3C0	＠	Ａ	Ｂ	Ｃ	Ｄ	Ｅ	Ｆ	Ｇ	Ｈ	Ｉ	Ｊ	Ｋ	Ｌ	Ｍ	Ｎ	Ｏ
A3D0	Ｐ	Ｑ	Ｒ	Ｓ	Ｔ	Ｕ	Ｖ	Ｗ	Ｘ	Ｙ	Ｚ	［	＼	］	＾	＿
A3E0	｀	ａ	ｂ	ｃ	ｄ	ｅ	ｆ	ｇ	ｈ	ｉ	ｊ	ｋ	ｌ	ｍ	ｎ	ｏ
A3F0	ｐ	ｑ	ｒ	ｓ	ｔ	ｕ	ｖ	ｗ	ｘ	ｙ	ｚ	｛	｜	｝	￣	

code	+0	+1	+2	+3	+4	+5	+6	+7	+8	+9	+A	+B	+C	+D	+E	+F
A4A0		ぁ	あ	ぃ	い	ぅ	う	ぇ	え	ぉ	お	か	が	き	ぎ	く
A4B0	ぐ	け	げ	こ	ご	さ	ざ	し	じ	す	ず	せ	ぜ	そ	ぞ	た
A4C0	だ	ち	ぢ	っ	つ	づ	て	で	と	ど	な	に	ぬ	ね	の	は
A4D0	ば	ぱ	ひ	び	ぴ	ふ	ぶ	ぷ	へ	べ	ぺ	ほ	ぼ	ぽ	ま	み
A4E0	む	め	も	ゃ	や	ゅ	ゆ	ょ	よ	ら	り	る	れ	ろ	ゎ	わ
A4F0	ゐ	ゑ	を	ん												

code	+0	+1	+2	+3	+4	+5	+6	+7	+8	+9	+A	+B	+C	+D	+E	+F
A5A0		ァ	ア	ィ	イ	ゥ	ウ	ェ	エ	ォ	オ	カ	ガ	キ	ギ	ク
A5B0	グ	ケ	ゲ	コ	ゴ	サ	ザ	シ	ジ	ス	ズ	セ	ゼ	ソ	ゾ	タ
A5C0	ダ	チ	ヂ	ッ	ツ	ヅ	テ	デ	ト	ド	ナ	ニ	ヌ	ネ	ノ	ハ
A5D0	バ	パ	ヒ	ビ	ピ	フ	ブ	プ	ヘ	ベ	ペ	ホ	ボ	ポ	マ	ミ
A5E0	ム	メ	モ	ャ	ヤ	ュ	ユ	ョ	ヨ	ラ	リ	ル	レ	ロ	ヮ	ワ
A5F0	ヰ	ヱ	ヲ	ン	ヴ	ヵ	ヶ									

第 11 章 字库及输入法的实现

code	+0	+1	+2	+3	+4	+5	+6	+7	+8	+9	+A	+B	+C	+D	+E	+F
A6A0		Α	Β	Γ	Δ	Ε	Ζ	Η	Θ	Ι	Κ	Λ	Μ	Ν	Ξ	Ο
A6B0	Π	Ρ	Σ	Τ	Υ	Φ	Χ	Ψ	Ω							
A6C0		α	β	γ	δ	ε	ζ	η	θ	ι	κ	λ	μ	ν	ξ	ο
A6D0	π	ρ	σ	τ	υ	φ	χ	ψ	ω							
A6E0	⌒	⌣	⌐	⌎	⌊	⌒	⌣	≫	⌄	￣	⌊	⌋	￣		⌒	⌒
A6F0	⌒	⌣	∣		∣	⌈										

code	+0	+1	+2	+3	+4	+5	+6	+7	+8	+9	+A	+B	+C	+D	+E	+F
A7A0		А	Б	В	Г	Д	Е	Ё	Ж	З	И	Й	К	Л	М	Н
A7B0	О	П	Р	С	Т	У	Ф	Х	Ц	Ч	Ш	Щ	Ъ	Ы	Ь	Э
A7C0	Ю	Я														
A7D0		а	б	в	г	д	е	ё	ж	з	и	й	к	л	м	н
A7E0	о	п	р	с	т	у	ф	х	ц	ч	ш	щ	ъ	ы	ь	э
A7F0	ю	я														

code	+0	+1	+2	+3	+4	+5	+6	+7	+8	+9	+A	+B	+C	+D	+E	+F
A8A0		ā	á	ǎ	à	ē	é	ě	è	ī	í	ǐ	ì	ō	ó	ǒ
A8B0	ò	ū	ú	ǔ	ù	ǖ	ǘ	ǚ	ǜ	ü	ê	a	ḿ	ń	ň	ǹ
A8C0	g				ㄅ	ㄆ	ㄇ	ㄈ	ㄉ	ㄊ	ㄋ	ㄌ	ㄍ	ㄎ	ㄏ	
A8D0	ㄐ	ㄑ	ㄒ	ㄓ	ㄔ	ㄕ	ㄖ	ㄗ	ㄘ	ㄙ	ㄚ	ㄛ	ㄜ	ㄝ	ㄞ	ㄟ
A8E0	ㄠ	ㄡ	ㄢ	ㄣ	ㄤ	ㄥ	ㄦ	ㄧ	ㄨ	ㄩ						
A8F0																

code	+0	+1	+2	+3	+4	+5	+6	+7	+8	+9	+A	+B	+C	+D	+E	+F
A9A0			─	━	│	┃	─ ─	━ ━	⋯	⋯	┆	┇	⋯	⋯	┊	┋
A9B0	┌	┍	┎	┏	┐	┑	┒	┓	└	┕	┖	┗	┘	┙	┚	┛
A9C0	├	┝	┞	┟	┠	┡	┢	┣	┤	┥	┦	┧	┨	┩	┪	┫
A9D0	┬	┭	┮	┯	┰	┱	┲	┳	┴	┵	┶	┷	┸	┹	┺	┻
A9E0	┼	┽	┾	┿	╀	╁	╂	╃	╄	╅	╆	╇	╈	╉	╊	╋
A9F0	⇨	⇦	↑	↓	➡											

第 11 章 字库及输入法的实现

code	+0	+1	+2	+3	+4	+5	+6	+7	+8	+9	+A	+B	+C	+D	+E	+F
AAA0																

…… 空白块

AFF0

code	+0	+1	+2	+3	+4	+5	+6	+7	+8	+9	+A	+B	+C	+D	+E	+F
B0A0		啊	阿	埃	挨	哎	唉	哀	皑	癌	蔼	矮	艾	碍	爱	隘
B0B0	鞍	氨	安	俺	按	暗	岸	胺	案	肮	昂	盎	凹	敖	熬	翱
B0C0	袄	傲	奥	懊	澳	芭	捌	扒	叭	吧	笆	八	疤	巴	拔	跋
B0D0	靶	把	耙	坝	霸	罢	爸	白	柏	百	摆	佰	败	拜	稗	斑
B0E0	班	搬	扳	般	颁	板	版	扮	拌	伴	瓣	半	办	绊	邦	帮
B0F0	梆	榜	膀	绑	棒	磅	蚌	镑	傍	谤	苞	胞	包	褒	剥	

……

code	+0	+1	+2	+3	+4	+5	+6	+7	+8	+9	+A	+B	+C	+D	+E	+F
F7A0		鳌	鲯	鳎	鳏	鳐	鳓	鳔	鳕	鳗	鳘	鳙	鳜	鳝	鳟	鳢
F7B0	靼	鞅	鞑	鞒	鞔	鞯	鞫	鞣	鞲	鞴	骱	骰	骷	鹘	骶	骺
F7C0	骼	髁	髀	髅	髂	髋	髌	髑	魅	魃	魇	魉	魈	魍	魑	飨
F7D0	餍	餮	饕	饔	髟	髡	髦	髯	髫	髻	髭	髹	鬏	鬓	鬟	鬣
F7E0	麽	麾	縻	麂	麇	麈	麋	麒	鏖	麝	麟	黛	黜	黝	黠	黟
F7F0	黢	黩	黧	黥	黪	黯	鼢	鼬	鼯	鼹	鼽	鼾	齄			

code	+0	+1	+2	+3	+4	+5	+6	+7	+8	+9	+A	+B	+C	+D	+E	+F
F8A0																

…… 空白区

FEF0

实际上,如果使用一些字库生成软件生成的字库其存储顺序正是上表所示的顺序。根据这个顺序,很容易计算汉字内码与字库中字模位置的对应关系。

从上面的编码表还可以看到,除了最后面的空白区之外,在图形区与汉字区之间还有一块空白区,如果想保证编码空间的与字库点阵之间的线性对应关系,则需要在字库中保留这块空白区域。对于资源问题总是相对比较棘手的嵌入式环境,应该尽量减少这样的空间浪费。可以采用分区处理的办法:在生成字库的点阵时,跳过这一区域,即图形符号区存放完之后,紧跟其后存放汉字区的字模。而在取点阵字模时根据编码确定其投射在哪一个范围内。

在 LGUI 的实现中,字库的结构如下所示。

```
typedef struct tagFONTLIBHEADER{
    int iSize;              //size of this struction
    int iAscWidth;          //width of Ascii character
    int iAscHeight;         //height of Ascii character
    int iAscBytes;          //bytes of a Ascii character used
    int iChnWidth;          //width of chinese character
    int iChnHeight;         //height of chinese character
    int iChnBytes;          //bytes of a chinese character used
    int iAscOffset;         //offset address of Ascii character
    int iChnSymOffset;      //offset address of chinese symbol
    int iChnOffset;         //offset address of chinese character
} FONTLIBHEADER;
typedef FONTLIBHEADER * PFONTLIBHEADER;
```

字库分为三部分:ASCII 区、汉字图形符号区、汉字区。通过记录每一个区域的起始偏移地址的方法,方便在需要时跳转到正确的字模位置。LGUI 中的字库结构如图 11-1 所示。

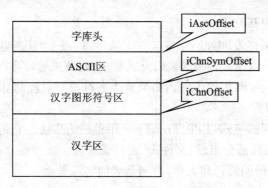

图 11-1　LGUI 中的字库结构

11.5　FreeType

尽管点阵字体在时间和空间性能上都有较佳的表现,但是由于缺乏灵活性,无法改变字体的大小和风格,除了在一些嵌入式设备中仍然在使用外,大多数系统都使用矢量字体了。矢量字体不像点阵字体那样直接记录字符的字模数据,而是记录字体描述信息,其中最重要的两部分是 outline 和 hint。

1. 字体的 outline（轮廓）

这是用来描述字体的基本手段，它一般由直线和贝塞尔(Bézier)曲线组成。贝塞尔曲线是一条由三个点确定的曲线，假设这三点的坐标是 (A_x, A_y)、(B_x, B_y) 和 (C_x, C_y)，那么曲线方程为

$$p_x = (1-t)^2 A_x + 2t(1-t)B_x + t^2 C_x$$

$$p_y = (1-t)^2 A_y + 2t(1-t)B_y + t^2 C_y$$

2. 字体精调提示（hint）

outline 已经描述字体的表现形式，但是数学上的正确对人眼来说并不见得合适，特别是缩放到特定的大小和分辨率时，字体可能变得不好看，或者不清晰。hint 指的是一系列的技术，用来精调字体，让字体变得更美观，更清晰。

在 TrueType 字体中，hint 是用一种编程语言来表述的，这种语言有点像汇编语言，每个语句完成一个单一的功能，通常用一个虚拟机来解释执行。它具有下列特点：

- 支持循环；
- 支持条件分支；
- 支持用户定义的函数；
- 支持以不同方式操作数据的指令集；
- 支持数学和逻辑指令集；
- 其他一些方法。

3. 字符映射表（charmap）

字符对应的字体数据称为 glyph，字体文件中通常带有一个字符映射表，用来把字符映射到对应 glyph 的索引值。因为字符集的编码方式有多种，所以可以存在多个子映射表，以支持从不同编码的字符到 glyph 索引的映射。如果某个字符没有对应的 glyph，返回索引 0，glyph 0 通常显示一个方块或者空格。

矢量字体有多种不同的格式，其中 TrueType 用得最为广泛。它的扩展名通常为 OTF 或者 TTF，它的文件内容由几部分组成，文件头、表目录和表。文件头描述了版本号和表的数目等信息，表目录记录了表的偏移量和大小，表则是表的实际数据。

文件头的格式如下：

类型	名称	描述
Fixed	sfnt version	0x00010000 for version 1.0
USHORT	numTables	Number of tables
USHORT	searchRange	(Maximum power of 2 <= numTables) x 16
USHORT	entrySelector	Log2(maximum power of 2 <= numTables)
USHORT	rangeShift	NumTables x 16 − searchRange

而表目录的结构如下:

类型	名称	描述
ULONG	tag	4 - byte identifier
ULONG	checkSum	CheckSum for this table
ULONG	offset	Offset from beginning of TrueType font file
ULONG	length	Length of this table

而表的内容则与具体的表有关,比如 cmap 表存放是的字符映射关系、fpgm 表存放的是 outline 的函数库、glyf 表存放的是 outline 数据、而 EBDT 表存放的是嵌入式位图。

表 EBDT(嵌入式位图)有什么用呢?矢量字体尽管可以任何缩放,但缩得太小时,仍然存在问题,字体会变得不好看或者不清晰,即使采用 hint 精调,效果也不一定好,或者那样处理太麻烦了,这时可以采用点阵字体来弥补矢量字体的不足,EBDT 就是用来存放点阵字体的字模数据的。

矢量字体的处理比较麻烦,即要进行矢量计算,又进行精调处理,相对于点阵字体来说慢多了,会不会存在性能问题呢?可能会的,不过可以通过下列两种方式缓解性能问题。

cache 法。把刚计算出来的 glyph 放到 cache 中,下次再用到这个字符时,直接从 cache 中取,而不用重新计算。

预先计算法。把常用值预先计算出来,放在 hdmx 等表中,这可以节省不少计算时间。

FreeType 是一个操作字体的函数库,它不但可以处理点阵字体,也可以处理多种矢量字体,包括 TrueType 字体,它为上层应用程序提供了一个统一的调用接口。FreeType 具有良好的可移植性,特别考虑了嵌入式应用环境,字体文件可以在文件系统中,也可以在 ROM 中,甚至可以用自定义 I/O 函数来访问字体数据。FreeType 采用模块化设计,很容易进行扩充和裁减,如果只支持 TrueType,裁减后的二进制文件大小大约在 25K 左右。FreeType 是开放源代码的,它采用 FreeType 和 GPL 两种开源协议,可以用于任何商业用途。

4. FreeType 的使用方法

(1) 包含 FreeType 的头文件

#include <ft2build.h>
#include FT_FREETYPE_H

(2) 初始化 FreeType

FT_Library library;
error = FT_Init_FreeType(&library);

(3) 加载字体

error = FT_New_Face(library, "xxxx.ttf",0,&face);

(4) 设置字体的大小

```
error = FT_Set_Char_Size(
        face,       /* handle to face object */
        0,          /* char_width in 1/64th of points */
        16*64,      /* char_height in 1/64th of points */
        300,        /* horizontal device resolution */
        300 );      /* vertical device resolution */
error = FT_Set_Pixel_Sizes(
        face,       /* handle to face object */
        0,          /* pixel_width */
        16 );       /* pixel_height */
```

(5) 加载字符的 glyph

```
glyph_index = FT_Get_Char_Index( face, charcode );
error = FT_Load_Glyph(
    face,              /* handle to face object */
    glyph_index,       /* glyph index */
    load_flags );      /* load flags, see below */
error = FT_Render_Glyph( face->glyph,    /* glyph slot */
                render_mode );           /* render mode */
```

(6) 字体变换（旋转和缩放）

```
error = FT_Set_Transform(
        face,       /* target face object */
        &matrix,    /* pointer to 2x2 matrix */
        &delta );   /* pointer to 2d vector */
```

(7) 字符显示出来

```
draw_bitmap( &slot->bitmap,
pen_x + slot->bitmap_left,
pen_y - slot->bitmap_top );
```

FreeType 可在以下网址下载：
http://www.freetype.org

11.6 输入法

GUI 作为支持用户交互的环境，一些应用要求实现文本与图形的输入。图形输出另当别

第 11 章 字库及输入法的实现

论,而文本的输入首先涉及输入法的问题。

不管输入法设计起来多么复杂,例如五笔输入法把汉字拆成了许多个字根,每个字根对应键盘上某一个键,这个拆的过程的确需要对汉字字形有深入研究才有可能。尽管如此,输入法在程序实现的技术层面其实是非常简单的——就是一张码表,某一组编码组合对应一个汉字。

下面以拼音输入法为例说明码表的形式,拼音码表及拼音输入法的实现可以参考 LGUI 中的相关代码。

```
{"a",       "阿啊呵腌嗄锕吖"},
{"ai",      "爱哀挨碍埃癌艾唉矮哎皑蔼隘暧霭捱嗳瑷嫒锿嗌砹"},
{"an",      "安案按暗岸俺谙黯鞍氨庵桉鹌胺铵揞犴埯"},
{"ang",     "昂肮盎"},
{"ao",      "奥澳傲熬敖凹袄懊坳嗷拗鏖骜鳌翱岙廒遨獒聱媪鏊鐾"},
{"ba",      "把八吧巴爸罢拔叭芭霸靶扒疤跋坝笆耙粑灞茇菝魃邑捌钯鲅"},
{"bai",     "百白败摆伯拜柏呗掰捭佰稗"},
{"ban",     "办半版般班板伴搬扮斑颁瓣拌扳绊阪坂瘢钣舨癍"},
……
{"zong",    "总宗纵踪综棕粽鬃偬腙枞"},
{"zou",     "走奏邹揍驺鲰诹陬鄹"},
{"zu",      "组足族祖租阻卒诅俎镞菹"},
{"zuan",    "赚钻攥纂躜缵"},
{"zui",     "最罪嘴醉咀觜蕞"},
{"zun",     "尊遵樽鳟撙"},
{"zuo",     "作做坐座左昨琢佐凿撮柞曝胙祚唑笮阼怍酢"}
```

参照上表,启动输入法后按下字母"a",程序中处理时即可以把"a"对应的所有汉字列出来,供用户选择。如果想在输入法中支持逐渐匹配,那么可以在程序中做一些处理,例如输入字母"a"以后,可以把码表中"a"打头的所有条目对应的汉字列出来,此后根据后继输入的字符动态显示当前匹配的字符列表。

在 LGUI 中实现的示例代码中,有一个实现输入法的窗口类 Imewin,在桌面进程启动后,这个窗口类作为桌面主窗口的子窗口被注册。当用户选择中文输入法时,这个窗口会显示出来。Imewin 中支持输入法的动态安装与卸载,通用型的 GUI 环境一般要求支持多种输入法,也有可能会要求输入法的动态安装与卸载。

第12章 GUI 的移植

因为嵌入式系统的多样性,使得 GUI 系统的可移植性经常成为一个讨论的重点。但是讨论如何移植一个系统不如讨论如何使一个系统具有可移植性更有价值。

所谓移植,是指通过对原有代码在某种程度上的修改,使得它能够在不同的系统平台上运行。那么,修改的工作量越小、越集中、越简单,则越能表明原代码具有更好的移植性。当然移植有不同层面的问题,例如:既是不同的操作系统,又是不同的硬件平台,移植的复杂性肯定会比较高;而同一操作系统不同的硬件平台,或者同一硬件平台不同的操作系统则会简单一些;另外,对于硬件平台的定义也有不同,不同的 CPU 当然是不同的硬件平台,但不同的 CPU 可能采用同样的核心,例如很多商用嵌入式芯片采用了 ARM 架构或 MIPS 构架,那么不同的 CPU 是否采用相同的架构,其移植的复杂性可能就会有很大差别;另外一个层面所说的硬件平台是指同样的 CPU,但外设不同,例如屏幕大小不同、键盘不同等,这个层面的移植是最简单的。

由于嵌入式系统的多样性,在开发面向嵌入式环境的系统时,应不使用或尽量少使用依赖平台的代码,如果确实需要使用,则尽量将与系统相关的内容限定在某一个物理或逻辑边界内,这样使得系统移植起来工作目标更清楚。

就系统的可移植性而言,实现的 LGUI 示例代码并不具有示范价值,至少在系统中没有操作系统适配层,这使得移植起来有一定的工作量,而且要求对整个代码有比较深入的了解才能开展工作。当然 LGUI 开发之初就是面向 Linux,所以对于操作系统的适配没有做很多工作,这也与系统的实现目标有关,但就可移植性这个问题而言,正好可以分析 LGUI 代码中的一些不足来说明这个问题。

由于 LGUI 是完全用 C 语言来实现的,所以不同平台编译器带来的困扰会少很多。对于与系统相关的这一层,主要是线程、信号量、互斥量以及外部设备的访问,如果要提高系统的可移植性,应通过操作系统适配层来配置不同环境下的不同实现。

12.1 操作系统适配层

所谓操作系统适配层是指在开发应用系统时,针对不同的操作系统环境编写对应的代码或将某些功能调用映射到相应的系统库函数或 C/C++ 基础库函数。这样做的好处是:上一层应用开发者不需要了解在不同操作系统上某一种功能的实现细节,而只关注于应用逻辑,从而提高开发效率,同时使得开发出来的应用程序具有良好的跨平台特性。

例如:作为创建线程,应该创建一个统一的接口函数,这个函数可以叫做 gui_CreateThread。

```
typedef unsigned long ( * ThreadEntry)(void * );
Handle gui_CreateThread(ThreadEntry entry, void * param, osThreadPriority priority);
```

◆ 在 Linux 下,通过调用 pthread 库来创建线程

```
pthread_create();
```

◆ 在 Window 下,通过调用系统 API 函数来创建线程

```
CreateThread();
typedef unsigned long ( * ThreadEntry)(void * );
```

Linux 下的实现如下:

```
Handle guiCreateThread(ThreadEntry entry, void * param,)
{
    pthread_t * thread = (pthread_t *)malloc(sizeof(pthread_t));
    pthread_create(thread, NULL, (start_routine )entry , param);
    return (osHandle)thread;
}
Handle guiCreateThread(ThreadEntry entry, void * param)
{
    HANDLE h = CreateThread(NULL, 0, win32entry, param, 0, NULL);
    return (Handle)h;
}
```

1. 互斥量在不同系统下的实现

(1) Linux 下的实现

```
typedef long Handle;
Handle guiCreateMutex(void)
{
    pthread_mutex_t * mutex =
(pthread_mutex_t *)malloc(sizeof(pthread_mutex_t));
    pthread_mutex_init(mutex, NULL);
    return (Handle)mutex;
}
void guiCloseMutex(Handle handle)
{
```

第 12 章 GUI 的移植

```c
    pthread_mutex_t * pMutex = (pthread_mutex_t *)handle;
    pthread_mutex_destroy(pMutex);
    free(pMutex);
}
int guiWaitMutex(Handle handle, int timeoutms)
{
    pthread_mutex_t * pMutex = (pthread_mutex_t *)handle;
    pthread_mutex_lock(pMutex);
    return 0;
}
int guiReleaseMutex(Handle handle)
{
    pthread_mutex_t * pMutex = (pthread_mutex_t *)handle;
    pthread_mutex_unlock(pMutex);
    return 0;
}
```

(2) Windows 下实现

```c
typedef long Handle;
Handle guiCreateMutex()
{
    HANDLE h = CreateMutex(NULL, FALSE, NULL);
    return (Handle)h;
}
void guiCloseMutex(Handle handle)
{
    guiCloseHandle((HANDLE)handle);
}
int guiWaitMutex(Handle handle, int timeoutms)
{
    DWORD rt = WaitForSingleObject((HANDLE)handle, timeoutms);
    if (rt == WAIT_OBJECT_0)
        return OK;
    if (rt == WAIT_TIMEOUT)
        return TIMEOUT;
    return FAIL;
}
int guiReleaseMutex(Handle handle)
{
    BOOL rt = ReleaseMutex((HANDLE)handle);
```

```
    return OK;
}
```

2. 信号量在不同系统下的实现

(1) Linux 下实现

```c
typedef long Handle;
Handle guiCreateSemaphore(int cnt)
{
    sem_t * pSem = (sem_t *)malloc( sizeof(sem_t) );
    if(! pSem)
        return OSE_NO_SPACE_LEFT;
    sem_init(pSem , 0 , cnt );
    return (Handle)pSem;
}
void guiCloseSemaphore(Handle handle)
{
    sem_t * pSem = (sem_t * )handle;
    sem_destroy(pSem);
    free(pSem);
}
int guiWaitSemaphore(Handle handle, int timeoutms)
{
    int ret;
    sem_t * pSem = (sem_t *)handle;
    if(timeoutms == 0)
        ret = sem_trywait(pSem);
    else
        ret = sem_wait(pSem);
    return ret;
}
int guiReleaseSemaphore(Handle handle)
{
    sem_t * t = (sem_t * )handle;
    sem_post(t);
    return 0;
}
```

(2) Windows 下实现

```c
typedef long Handle;
Handle guiCreateSemaphore(int cnt)
```

```c
{
    HANDLE h = CreateSemaphore(NULL, cnt,
MIN_SEMAPHORE_MAXCNT, NULL);
    if (h == NULL)
        return OSE_INVALID_HANDLE_VALUE;
    return (Handle)h;
}
void guiCloseSemaphore(Handle handle)
{
    CloseHandle((HANDLE)handle);
}
int guiWaitSemaphore(Handle handle, int timeoutms)
{
    DWORD rt = WaitForSingleObject((HANDLE)handle, timeoutms);
    if (rt == WAIT_OBJECT_0)
        return OK;
    if (rt == WAIT_TIMEOUT)
        return TIMEOUT;
    return FAIL;
}
int guiReleaseSemaphore(Handle handle)
{
    BOOL rt = ReleaseSemaphore((HANDLE)handle, 1, NULL);
    if (rt == FALSE)
        return FAIL;
    return OK;
}
```

12.2 输入设备的抽象

在 LGUI 的代码中有 keyboard_ial.c 以及 mouse_ial.c 两个文件，这两件文件所起的作用就是实现输入设备的抽象，使得从系统核心的角度来看，keyboard 与 mouse 这样的输入设备是抽象的。系统初始化时，调用 OpenKB 打开键盘，调用 OpenMouse 打开鼠标；设备打开后调用 ReadKB 与 ReadMouse 获取键盘与鼠标输入；系统在退出时调用 CloseKB 关闭键盘，调用 CloseMouse 关闭鼠标。至于如何打开、读、关闭这些设备，对于设备的使用者而言是不需要关心的。

与前述的操作系统适配层的抽象类似，实现硬件设备层抽象的关键是建立设备操作的接口标准。

在 LGUI 示例代码中，键盘设备的接口标准如下：

```
typedef struct tagKBDEVICE {
    int     (*Open)(void);
    void    (*Close)(void);
    int     (*Read)(BYTE * keyvalue, BYTE * keypressed);
} KBDEVICE;
```

鼠标设备的接口标准如下:

```
typedef struct tagMOUSEDEVICE {
    int     (*Open)(void);
    void    (*Close)(void);
    int     (*Read)(int * x, int * y, int * event);
} MOUSEDEVICE;
```

12.3 显示设备的差异

除了输入设备之外,对于嵌入式 GUI 系统来说,显示设备的差异也是经常需要面对的问题。Linux 内核支持 FrameBuffer,这为 GUI 开发者减轻了很多工作量,唯一需要处理的就是色彩深度的差异。

定义一个抽象的色彩类型是一个聪明的办法。例如,告诉画点函数在屏幕的某一位置画一个红色的点,但所谓"红色"在不同的软硬件环境中其表示方法是不同的。在 24 bit RGB 顺序表示的系统中,表示"红色"三个字节的值分别是:0xff,0x00,0x00;而在 16 bit RGB(565)顺序表示的系统中,表示"红色"两个字节的值分别是:0xf8,0x00;至于用调色板并用 8 bit 表示色彩的系统中,因为调色板的不同,从而使得用调色板索引来表示某一色彩的数值也是不确定的。

下面的代码用于在屏幕上画点,可以看到,色彩的值使用了抽象的类型定义。

```
void inline lGUI_SetPixel_Direct(int x, int y, COLORREF color)
{
    unsigned char * pDest;
    pDest = _lGUI_pFrameBuffer + _lGUI_iLineSize * y +
(x * _lGUI_iBytesPerPixel);
    if(_lGUI_iBytesPerPixel == 3){
        * pDest = B(color);
        *(pDest + 1) = G(color);
        *(pDest + 2) = R(color);
    }
    else
        *((PCOLORREF)pDest) = color;
}
```

第 13 章

LGUI 应用开发模式

一般意义上,人们将 GUI 系统定位为一个中间件系统。中间件(middleware)是基础软件的一大类,属于可复用软件的范畴。顾名思义,中间件处于操作系统软件与应用软件的中间。中间件在操作系统、网络和数据库之上,应用软件之下,总的作用是为处于自己上层的应用软件件提供运行与开发的环境,帮助用户灵活、高效地开发和集成复杂的应用软件。

LGUI 面向嵌入式 Linux,提供了一个桌面环境,包括桌面的图标、状态栏、键盘、鼠标等,同时提供二次开发的 API 函数库以及对二次开发模式的定义。

13.1 应用开发的模式

毋庸讳言,Linux 是操作系统的后起之秀,Unix 在桌面计算方面占有率也相对有限,而对 Windows 熟悉的程序员在周围占有更多的比例。所以在二次开发方面,LGUI 选择了力争与 Windows 兼容的策略。

首先是 API 函数的设计。将 API 函数设计成与 Windows API 函数基本相同的函数,如 CreateWindow、ShowWindow 之类。函数的功能也与 Windows API 函数基本一致。

当然,在保证 API 函数的定义和功能实现与 Windows 基本一致之外,更为重要的是二次开发的应用程序的模式。基于消息驱动的程序与过程驱动程序的不同,必然要求有一个消息处理的模式。而对于过程驱动程序提供 API 函数实际上涉及不到二次开发程序的模式问题。LGUI 应用程序的模式如图 13-1 所示。

其实这种程序结构就是 Win32 程序的模式,以注册窗口类开始,创建窗口、显示窗口,然后进行消息循环,从消息队列中取消息、分发消息。如果应用开发人员遵守这个开发模式的要求,则在不了解 GUI 系统结构原理的前提下,也完全能够开发出基于此 GUI 的应用程序,就像 Windows 程序员也许根本不了解 Windows 的窗口关系、消息队列等的原理与实现方式,但仍然可以方便地开发应用程序一样。只需按照系统的要求发送消息、处理消息,系统就会正常地运行起来。

这个应用程序模式的基础是窗体的注册机制,应用程序需要创建自己的窗口类并进行注册。窗口注册的最主要目的是注册窗口的消息处理函数(当然还有其他一些任务),这样系统

第 13 章　LGUI 应用开发模式

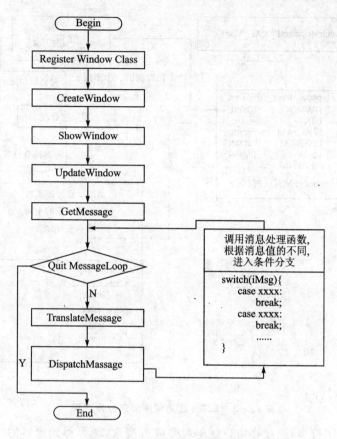

图 13 - 1　LGUI 应用程序的模式

在分发这个窗体的消息时,就知道该调用什么函数对这个消息进行处理。

LGUI 应用程序消息分发过程如图 13 - 2 所示。

这个过程就是:根据消息对应的窗口句柄,从窗口树中得到窗口的类名称,然后根据类名称从窗口注册表中得到消息处理函数,最后用消息值调用消息处理函数。

其中,窗口树与窗口注册表在前面已经有过叙述。所谓窗口树,是由窗口的父子关系形成的一个树状表;窗口注册表是窗口向系统注册的过程中形成的一个表。

其中由指向兄弟窗口的指针与指向子窗口的指针以及指向控件的指针形成一个树状的窗口集合,而任何一个进程包括服务器与客户进程都会拥有一个自己的窗口树。

从这个结构中可以看出,通过窗口指针,可以得到所有与窗口相关的信息,包括:窗口类、剪切域、无效域、消息队列等。

第13章 LGUI应用开发模式

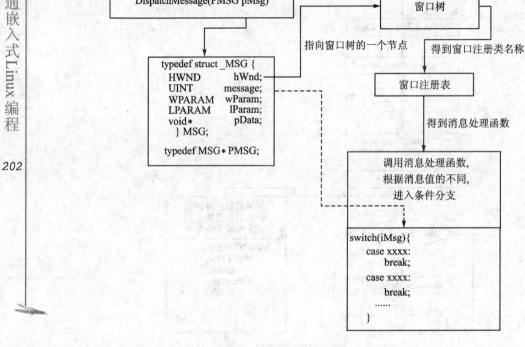

图13-2 LGUI应用程序消息分发过程

窗口类是一个字符串,通过在窗口注册表中进行搜索,便可得到窗口的注册信息,注册信息中主要包括消息处理函数。因为结构中定义的是一个函数指针,赋值时会给这个字段赋一个函数名,实际上这就是通常所说的回调函数。

LGUI应用程序的格式是固定的,应用开发者的工作便主要集中在消息处理函数上,包括对各种系统消息以及自定义消息的响应。

13.2 开发调试方法

由于LGUI是使用Domain Socket来连接客户端与服务器端,所以在Linux的PC环境下,可以用多个控制台进行调试。例如,用第一个控制台启动桌面进程,然后切换到第二个控制台,使用gdb等工具单步执行应用程序,可以比较方便地发现程序中的Bug。这种调试方法比普通的通过print的方法要方便很多。

13.3 应用程序简例

1. 基于 LGUI 的地图引擎及 GPS 定位导航系统

以基于 LGUI 的地图引擎 LGIS 为例，说明应用程序相关的内容。

地图引擎的开发有一些较为复杂的算法，主要包括地图对象的空间索引问题、多边形的剪切问题、填充问题、地图数据的转换问题等。

其中，空间索引是地图引擎的核心，在 LGIS 中，空间索引是通过 R-tree 的索引算法实现的。R-tree 索引依据对象的外接矩形建立类 B+ 树的索引表。

在地图引擎中定义了比较复杂的数据结构，以描述当前工作空间、图层以及图形对象的属性。LGIS 中定义的图形对象主要包括：文本、点、线、面、折线、多边形、矩形、椭圆等。地图引擎中目前尚未实现对象之间的空间关系。

地图在显示时，系统对每一个图层中的所有地图对象首先会进行一次查询，如果与当前地图窗口相交，则要进行输出，否则不必输出。由于使用了 R-tree 索引算法，而不是简单地逐个图形对象进行比较，所以这个查询过程是非常高效的。

地图引擎加上 GPS 定位设备就构成一个 GPS 导航系统，这个系统的结构如图 13-3 所示。

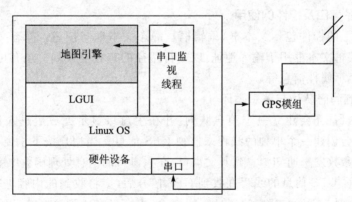

图 13-3 基于 LGUI 的 GPS 导航系统

从图 13-3 中可以看出，导航系统中主机系统与 GPS 模组通过标准的 RS232 口进行连接。地图引擎在初始化 GPS 设备以后，通过创建一个串口监视线程来接收 GPS 设备返回的数据。当接收的内容根据 GPS 的数据格式定义确定为有效的一帧数据后，就向地图引擎发送消息，地图引擎进行显示、移动等相应的处理。

第 13 章　LGUI 应用开发模式

2. LGUI 对 LGIS 的功能支持

（1）LGIS 启动与退出过程

LGUI 的应用程序是动态可安装的，一个应用程序的安装包中包括应用程序描述文件：xxx.desktop、桌面上显示的图标文件 xxx.bmp、二进制应用程序 xxx.bin。应用程序安装后，在 LGUI 桌面上会创建一个图标。单击该图标可启动对应的应用程序。

当用户单击 LGIS 图标后，LGIS 即可启动，显示主窗口，如果用户单击主窗口右上角的关闭按钮，主窗口就会收到 destroy 消息，主窗口退出。

（2）设备上下文（DC）与图形设备接口（GDI）

在 LGIS 中，任何一个图层都包含一个该图层的对象链表，而其中的每一个节点都详细描述了该图形对象的有关信息。例如，对一个多边形来说，包含的信息有：多边形各节点坐标、边界画笔、填充画刷；对于一个文本对象，其描述信息则包含：文本内容、文本位置、字体。当 LGIS 主窗口的内容需要重绘时，首先要创建一个内存型的设备上下文，然后根据 R-tree 查找到的图形对象经过地理坐标到屏幕坐标的转换后调用 LGUI 的 GDI 函数进行绘制。由于图形对象种类多，且同类图形对象其线型、填充类型均可能不同，所以调用 GDI 函数进行绘制之前，首先根据对象的描述信息创建画笔、画刷和字体，并将这些 GDI 对象选入设备上下文，然后调用 GDI 函数进行绘制。当然绘制过程中还包括线与多边形的剪切以及多边形的填充，这些都是通过调用 LGUI 的 GDI 函数来完成的。绘制完成后再将这个内存型设备上下文的内容整块输出到屏幕上，由于使用了内存型设备上下文，输出的速度是很快的。

（3）LGIS 中子窗口及控件的使用

LGIS 主窗口上的控件包括文本框（编辑框）、静态文本框与按钮。静态文本框主要显示当前坐标位置。编辑文本框用于输入地址，以进行路径的查找与规划。还有可动态显示与隐藏的子窗口用于显示属性信息等。

（4）LGIS 中的消息队列与消息循环

LGIS 的主窗口首先会建立一个消息队列，并在主窗口显示完成后进入消息循环，而且 LGIS 在启动时还会创建一个单独的线程来监视 GPS 信息。当用户按下主窗口上的按钮时，按钮会以其 ID 为参数发送通知消息到其父窗口，在主窗口的消息处理函数中就可对该事件进行处理。另外，监视 GPS 信息的线程在收到 GPS 信号后，会将收到的内容进行解析，然后生成相应的消息发送到 LGIS 主窗口的消息队列中去，主窗口在收到这个消息后对该消息进行处理。

图 13-4 为 LGUI 运行过程截图。

第 13 章　LGUI 应用开发模式

(a) LGUI桌面　　　　　(b) LGIS界面

(c) LGUI开始菜单

图 13-4　LGUI 运行过程截图

第 14 章

GUI 系统的效率问题

目前为止,本书讨论的 GUI 系统架构属于轻量级的系统,结构相对简单,层次相对较少,功能相对单一。如果只作为一个应用系统的窗口支持环境来讲,本书所讨论的这种系统架构通过使用一些技巧,使得功能与效率得到了兼顾。

然而,GUI 系统的功能边界,尤其是轻量级的 GUI 系统的边界有时候显得不大确定。在嵌入式环境中,有些应用程序为了保证其可移植性,同时为了降低对系统的依赖性,对 GUI 的要求是很低的,只要 GUI 提供输出的 buffer 与声音播放的接口以及外部事件就足够了。字库、GDI 函数、对话框、按钮等都由应用程序自己来管理。但是,有些应用程序则需要大量调用系统函数,希望系统提供丰富的接口,包括字库、GDI 函数、对话框等,如果碰巧这个应用在效率方面要求又比较苛刻,以地图应用为例,若要求能够平滑地移动地图,则地图中每一帧的绘制需要足够快,而地图应用中每一帧的绘制都要大量调用 GUI 中的绘制函数,这时提供的 GDI 函数的效率就显得非常重要。

前面已经谈到了 GDI 函数的优化问题。这是问题的一个层面,本身也是很重要的。但在计算机体系结构中,由于 CPU 的运行效率与外部存储系统之间效率的巨大差异,使得读/写(即通常所说的 I/O)成为整个系统效率的一个瓶颈,尤其是需要与外部设备频繁交互的应用系统。

作为应用系统的支撑环境,在 I/O 这个方面讨论轻量级 GUI 的效率似乎有点不着边际,因为 I/O 似乎与 GUI 系统没有太大关系。但有一点却与应用系统的效率有比较大的关系,那就是字库的读/写。

如果系统支持的字符集较小,例如 GB 2312,则 16×16 的点阵字库也只不过 200 多 K,即便全部载入内存,在当前嵌入式设备的内存规模下也不会让使用者感到不能接受。但是有些应用往往超出 GB 2312 字符集的范围,例如地图应用往往很多地名有生僻字,就需要更大的字符集,例如 GB 18030 有 27 484 个汉字,如果是 24×24 的点阵库,则所需要的内存为:$72 \times 27\ 484 = 1.9\mathrm{M}$,如果加上一些不连续的空间,这个内存规模是 2M 左右。如果将这些字库全部读入内存,在一些低端的设备上这样大的空间需求是不能接受的。

那么怎么办呢?最简单的办法就是需要的时候再读入,即需要哪个字符的点阵就从外部设备读入。正如前面讨论中所述,由于 I/O 的瓶颈效应,这将使得整个系统的效率大打折扣。

例如地图应用,每次移动地图需要显示字符的时候,都要经过一个 I/O 过程,对效率会有很大影响。

当然操作系统对于外存的操作一般会有一些 cache 机制,即对最近读入的外存块会在内存中缓存起来,如果下次的读/写还会命中这个块,则直接在内存中进行操作而不必与外存打交道。但 cache 的最大问题就是命中问题,如果缓存足够大,就没有问题,但在嵌入式环境资源受限的情况下,cache 不可能很大,那么,如果 I/O 操作对于外存块来说跳动范围比较大,则 cache 也会处于抖动状态,而失去其存在的意义。而不幸的是:字库的操作基本没有规律可言。举个例子,有一个字符串如下:

"啊中国"

假设按照汉语拼音顺序组织字库,则"啊"基本在文件的最前面,而"中"基本在文件的最后面,"国"在文件的中间部位。这时如果磁盘 cache 不是足够大,对于这几个字而言就需要四次 I/O 才能读到字库。

假设按照 Unicode 的顺序组织字库,则这三个汉字的 Unicode 编码分别是:

0x554a　　　　　啊
0x4e2d　　　　　中
0x56fd　　　　　国

注:在 Windows 下可以使用 charmap 工具查找 Unicode 代码。则"中"与"国"之间的代码的差值为 2 256,在 24×24 的字库中,两个字模之间位置差为 72×2 256=162 432,也就是说如果 cache 小于 160K,则这两个字模的读/写就需要重新进行一次 I/O。

所以,依赖系统外存块的 cache 是解决不了问题的,必须要自己管理 cache。

可以设计一个算法,根据字符的使用频率形成淘汰机制。尽管很多生僻字超出了 GB 2312 的范围,但不论任何时候,实际上经常使用的汉字不会超过 1 000 字,对于 24×24 的字库,可以生成一个 72×1 024 也就是 72K 的一个 cache,并建立一个汉字编码到 cache 索引之间的 hash 表。常用的汉字会一直保存在内存中,只有出现少数生僻字才需要进行一次外存的 I/O。这样,在一定程度上就可以解决内存使用与效率的问题了。

所以说,实际上没有绝对的效率问题,效率问题总是与资源问题纠缠在一起的。在资源不受限的情况下,解决效率问题总是很容易。任何时候谈到效率问题时,实际上强调的是在兼顾资源的情况下尽量提高系统的效率。

后 记
——LGUI 开发的一些体会

当前,手持设备、智能终端、信息家电等嵌入式系统正得到蓬勃的发展。而现在出现的市场只是冰山一角。就像十多年前人们的梦想已变成活生生的现实一样,一个网络化、智能化的生活形态已经越来越清晰地展现在人们的面前。而嵌入式系统的发展,正在为这个大潮起着推波助澜的作用。

与面向桌面计算的 PC 不同,嵌入式系统的最大特色是"个性化",没有固定模式,尤其是用户界面。这注定了"定制"将会无处不在。这也使得嵌入式系统的市场将在很大程度上会"碎块化",没有哪家公司可以统一市场,形成事实上的标准。

嵌入式系统定制化的特点本身就要求系统是开放的,可量身定做的,这也就是为什么有很多公司从 WinCE 转向 Linux 的原因。另外,Linux 的低成本特点,可大大降低最终嵌入式系统的成本。

嵌入式系统的蓬勃发展,使得很多业内的大公司推出了专门针对嵌入式设备的专用芯片。由于 Linux 开放源码、易于移植,并且由于 Linux 目前在嵌入式系统中所占据的举足轻重的地位,几乎所有的芯片制造商在推出新的芯片时,都会投入大量的人力、物力来移植 Linux,并提供丰富的开发工具。有些公司甚至会提供包括 CPU、SDRAM、FLASH、LCD、TouchPanel、KeyBoard 在内的功能齐全的测试板和所有这些外部设备基于 Linux 的驱动程序。这使得嵌入式 Linux 的 GUI 系统成为一个完整产品构架中非常重要的环节,如果在 GUI 基础上进一步构造面向某一行业的应用,为行业用户提供解决方案,将为嵌入式 Linux 的发展起到一定的推动作用。

开发一个中等规模的系统,首先需要有全局意识,但除此之外,对一个完全陌生的系统,并不完全是"需求—设计—编码—调试"的过程,而是需要不断地反复。不断地通过编写代码来证明设计是可以实现的,且该种实现方法的非功能指标是满足设计要求的,然后再重新调整最初的框架。这正是一个软件工程中所讲的"迭代"过程。

唯一满足工程设计标准的文档,就是源代码清单。对于一个需求明确、功能复杂的系统,可以通过一些图表展示系统设计,但经过验证的框架性的代码也许才是最好的设计文档。在对系统功能、实现的环境都了解有限的情况下,凭空进行设计,绝大多数情况下是没有任何意义的。设计者必须对系统需求与实现环境有非常深入的了解,而且应该通过书写代码来验证

后 记

自己的设计,并最终将这些代码作为设计的结果来提交,这才是有意义的设计。

在有些情况下,项目的总体目标是模糊的,只有通过多次的"迭代",才能逐渐逼近目标。同时由于在开发的过程中对项目的了解越来越多,对项目目标的把握也越来越清晰,从而使得项目的实现更加接近于项目的根本需求。

另外,做研究开发,借鉴别人的思想是很重要的,不能闭门造车,尤其是作为软件开发者。现在的软件技术一日千里,不学习别人的先进技术,借鉴别人的先进思想,只凭个人的想象,软件完成之日也许就是丢弃之时。充分利用网络资源是一个软件工作者的好习惯,在 Internet 上,遍布着各种各样的资源,学会挖掘这些资源,将在很大程度上推动项目进展。

最后,如果本书能对读者开发嵌入式 Linux 的 GUI 系统有所帮助,作者将感到非常高兴!

作 者

2010 年 3 月

参考文献

[1] 董士海. 用户界面的今天和明天. 计算机世界,1997(7).

[2] Santhanam Anand K,Vishal kulmarni. 嵌入式设备上的 Linux 系统开发. http://www-900.ibm.com/developerWorks/cn/linux/embed/embdev/index.shtml. 2002.

[3] 王悦,岳玮宁,王衡等. 手持移动计算中的多通道交互. 软件学报 2005,16(1):29-36.

[4] 董士海,王坚,戴国忠. 人机交互和多通道用户界面. 北京:科学出版社,1998.

[5] 王衡,董士海,汪国平. 走向和谐自然的人机交互. 北京大学 2003 年信息科学技术学院学术研讨会论文集,2003.289-296.

[6] Charles Petzold(美). Windows 程序设计. 北京:北京大学出版社,2004.

[7] 于明俭等. LINUX 程序设计权威指南. 北京:机械工业出版社,2001.